現代物理学[基礎シリーズ]
倉本義夫・江澤潤一 編集

4

統計物理学

川勝年洋
[著]

朝倉書店

編集委員

倉本義夫（くらもとよしお）　東北大学大学院理学研究科・教授

江澤潤一（えざわじゅんいち）　東北大学名誉教授

まえがき

　本教科書は，著者が過去10年以上の間，東京都立大学理学部物理学科，名古屋大学工学部応用物理学科および東北大学理学部物理学科にて行ってきた学部の平衡統計力学の講義ノートをまとめたものである．

　理学系・工学系の学部で履修する科目の中で，統計力学はかなり難解な科目の1つであると言われる．この原因の1つは，多くの教科書で統計力学の基礎となる統計集団の概念やエントロピーの微視的な定義などに関しての合理的な説明があまりなされないまま，定義だけが天下りに導入されることが多いことにあると思われる．このような学習では，ともすると「統計力学はハミルトニアンから状態和を計算で求めるだけの計算科目である」というような印象を生みがちで，定型化された問題を解くことはできても，新しい問題に取り組む方法を身につけることは困難であろう．

　本書では，できるだけ頭ごなしの仮定を導入しないようにして，統計力学の体系を説明するように気をつけたつもりである．多くの平衡統計力学の教科書では，孤立系においてすべての微視的状態が等確率で出現するという等重率の原理とボルツマンの原理に基づく統計力学エントロピーの定義が先験的な原理として出発点にすえられる．これに対して本書では，非平衡状態にも拡張して使用できる情報エントロピーを基礎に置くことで，平衡状態の記述が自然に導かれるように配慮した．考え方の基礎を重視するために，実際の多様な応用問題にはほとんど手をつけることはできなかった．その代わり各単元の基本的な問題に関して，繰り返しを恐れずさまざまな方向から検討を加えた．読者は，本書で統計力学の原理に関して学んだ後は，巻末に紹介した問題集などでより進んだ問題に取り組むことで技術を身につけるようにしていただきたい．本書が読者の皆さんの学習にとって一助となれば，著者にとって望外の喜びである．

本書の刊行に当たって，執筆を進めてくださった本シリーズ編集委員の倉本義夫教授および江澤潤一教授，執筆の際に大変お世話になった朝倉書店編集部の方々にこの場を借りて感謝します．また原稿段階でご意見をいただいた佐藤勝彦氏と中惇氏ほか，講義の際にコメントをいただいた多くの学生さんたちに感謝いたします．

　　2008 年 3 月

川 勝 年 洋

目　　次

1. 序　　章 ··· 1
   1.1 熱力学と統計力学の関係 ································· 1
      1.1.1 巨視的状態と微視的状態 ··························· 1
      1.1.2 統計集団と確率分布 ······························· 2
      1.1.3 中心極限定理と熱力学極限 ························· 4
   1.2 エントロピーと熱力学ポテンシャル ······················ 5

2. 熱力学の基礎事項の復習 ···································· 7
   2.1 平衡状態と熱力学第 0 法則 ······························· 7
      2.1.1 平衡状態と非平衡状態 ····························· 7
      2.1.2 熱力学第 0 法則 ·································· 8
   2.2 熱力学第 1 法則とエントロピーの導出 ···················· 8
   2.3 熱力学第 2 法則と熱力学ポテンシャル ··················· 10
      2.3.1 熱力学第 2 法則 ································· 10
      2.3.2 熱力学ポテンシャルの定義 ························ 11
      2.3.3 熱力学ポテンシャルの特性と物理的意味 ············ 12
   2.4 有用な熱力学の一般的関係式 ··························· 12
      2.4.1 マクスウェルの関係式 ···························· 12
      2.4.2 偏微分における変数変換 ·························· 13
      2.4.3 オイラーの方程式とギブス–デュエムの関係式 ········ 14
      2.4.4 熱力学第 3 法則 ································· 15
   2.5 状態方程式—系に固有の性質— ·························· 16

3. 統計力学の基礎 ··· 18
   3.1 位相空間とリウビルの定理 ····························· 18

	3.1.1	一般化座標と一般化運動量	18
	3.1.2	位相空間と位相軌道	19
	3.1.3	リウビルの定理	20
3.2		統計力学における非可逆過程	22
3.3		量子状態と量子統計・古典統計	26
	3.3.1	量子状態	26
	3.3.2	量子系の統計性	28
	3.3.3	量子統計と古典統計	31
3.4		エントロピーの微視的な定義と統計集団	32
	3.4.1	エントロピーの微視的定義	32
	3.4.2	位相空間における代表点の分布とエントロピー	35
	3.4.3	各種の熱力学的拘束条件と統計集団	37
	3.4.4	ラグランジュの未定定数を用いた拘束条件の扱い方	39
3.5		ミクロカノニカル集団	42
	3.5.1	確率分布	43
	3.5.2	ミクロカノニカル集団の簡単な適用例1 — 古典理想気体 —	44
	3.5.3	ミクロカノニカル集団の簡単な適用例2 —2準位系—	49
3.6		カノニカル集団	52
	3.6.1	確率分布	52
	3.6.2	古典理想系のカノニカル集団	61
	3.6.3	古典極限におけるカノニカル分布	62
	3.6.4	カノニカル集団の簡単な適用例	63
	3.6.5	ギブスのパラドックスと修正マクスウェル–ボルツマン統計	67
3.7		グランドカノニカル集団	70
	3.7.1	確率分布	70
	3.7.2	古典理想系のグランドカノニカル集団	77
	3.7.3	グランドカノニカル集団の簡単な適用例	77

4. 古典統計力学の応用 ... 79

4.1		結晶の格子比熱の古典統計 —デュロン–プティの法則—	79
	4.1.1	格子振動のモデル	79

  4.1.2　古典カノニカル統計による解析 ･･･････････････････････････ 81
 4.2　エネルギー等分配則 ･･･ 82
 4.3　結晶の格子比熱の量子効果を取り入れた扱い ･･･････････････････ 85

5. 理想量子系の統計力学 ･･･ 91
 5.1　量子統計の復習 ･･･ 91
  5.1.1　統計力学に現れる量子性 ･･････････････････････････････････ 91
  5.1.2　理想量子系の統計集団の方法 ･･････････････････････････････ 93
 5.2　理想量子系の統計集団の定式化 ･････････････････････････････････ 95
  5.2.1　グランドカノニカル集団の復習 ････････････････････････････ 95
  5.2.2　理想量子系のグランドカノニカル集団 ･･････････････････････ 96
  5.2.3　ボーズ–アインシュタイン統計とボーズ–アインシュタイン分布　97
  5.2.4　フェルミ–ディラック統計とフェルミ–ディラック分布 ･･････ 100
  5.2.5　基底状態と熱力学第 3 法則 ･･･････････････････････････････ 101
 5.3　理想ボーズ–アインシュタイン気体の例—光子気体とフォノン気体— ･･ 102
  5.3.1　光子気体と黒体輻射 ･･････････････････････････････････････ 103
  5.3.2　フォノン気体 ･･ 108
 5.4　縮退のある量子系の扱い (BE・FD 統計共通) ････････････････････ 111
 5.5　理想フェルミ–ディラック気体の例—電子気体— ････････････････ 114
  5.5.1　伝導電子と理想フェルミ–ディラック気体 ･･････････････････ 114
  5.5.2　電子のフェルミ–ディラック分布と状態密度 ････････････････ 114
  5.5.3　電子気体の全粒子数と化学ポテンシャル ････････････････････ 116
  5.5.4　電子気体の内部エネルギーと比熱 ･･････････････････････････ 121
 5.6　理想ボーズ–アインシュタイン凝縮 ･････････････････････････････ 121
  5.6.1　量子統計の古典極限 (BE・FD 統計共通) ･･････････････････ 122
  5.6.2　理想ボーズ–アインシュタイン凝縮の理論 ･･････････････････ 126

6. 相互作用のある多体系の協力現象 ････････････････････････････････ 135
 6.1　相転移の熱力学の復習 ･･ 135
  6.1.1　用語の定義 ･･ 135

  6.1.2 相平衡の条件 ･･･ 136
  6.1.3 自由エネルギーと相転移の分類 ･･･････････････････････････ 138
 6.2 相転移の統計力学の例 1—秩序・無秩序転移とイジング・モデル— 140
  6.2.1 秩序・無秩序転移の定義 ･････････････････････････････････ 141
  6.2.2 磁性体の常磁性・強磁性転移 ････････････････････････････ 141
  6.2.3 秩序・無秩序転移の直感的説明 ･･････････････････････････ 142
  6.2.4 イジング・モデル —秩序・無秩序転移の統計力学モデル— ･･･ 143
  6.2.5 イジング・モデルの熱的性質 ････････････････････････････ 144
  6.2.6 平均場理論 ･･ 144
  6.2.7 $h=0$ のイジング・モデルの秩序・無秩序転移の次数 ･･････ 148
 6.3 相転移の統計力学の例 2—非理想気体のビリアル展開と気相–液相
    転移— ･･ 150
  6.3.1 非理想気体の相転移 ････････････････････････････････････ 150
  6.3.2 非理想気体のハミルトニアンと状態和 ････････････････････ 150
  6.3.3 短距離相互作用とメイヤーの f 関数 ･････････････････････ 151
  6.3.4 状態和の摂動展開 ･･････････････････････････････････････ 153
  6.3.5 非理想気体の自由エネルギーと状態方程式 ･･･････････････ 154
  6.3.6 第 2 ビリアル係数の物理的意味 ･････････････････････････ 155
  6.3.7 ファン・デル・ワールス状態方程式 ･･････････････････････ 157

7. ゆらぎの統計力学 ･･ 159
 7.1 平衡状態の安定性とゆらぎ ･･･････････････････････････････････ 159
 7.2 エントロピーの安定性解析 ･･･････････････････････････････････ 161
 7.3 ゆらぎの正規分布と感受率 ･･･････････････････････････････････ 163
 7.4 臨界現象と感受率 ･･･ 164

参 考 文 献 ･･･ 166
索 引 ･･･ 167

1 序　　章

1.1　熱力学と統計力学の関係

1.1.1　巨視的状態と微視的状態

1モルの物質は，6×10^{23} 個という膨大な数の分子から構成されている．分子の典型的なサイズは $0.1 - 1$ nm $(= 10^{-10} - 10^{-9}$ m$)$ であるが，1モルの気体のサイズは $(22.4\ l)^{1/3} = 0.28$ m となるため，両者の長さのスケールの開きは 10^9 にも及ぶことになる．原子・分子のスケールを微視的（ミクロ）スケールと呼ぶのに対して，我々の日常生活のスケールは巨視的（マクロ）スケールと呼ばれる．これら微視的および巨視的スケールの物理現象を記述するために非常に異なった理論体系が用意されている．微視的スケールの現象に対しては，系を構成する個々の原子あるいは分子の運動を記述する量子力学や古典力学が用いられる．一方で巨視的スケールの現象に対しては，熱力学が用いられる．

熱力学においては，系の状態を指定するために温度，体積，圧力などの熱力学変数を用いる．たとえば希薄な気体の振る舞いは，いわゆる理想気体の状態方程式

$$PV = nRT \tag{1.1}$$

でうまく記述されることが経験的に知られている．ここに，P, V, T は気体の圧力，体積および温度であり，R は気体定数であり，n は気体のモル数である．

系を微視的に見た場合の状態（微視的状態）は，各粒子の位置と運動量を変数として指定されることになるのに対して，系の巨視的な熱力学的状態（巨視的状態）は P, V, T などごく少数の熱力学変数で指定されることになる．こ

のように，10^{23} 個という膨大な数の分子からなる気体の状態が，ほんの数個の熱力学的変数で指定できることは特筆に価する．すなわち，系を構成する粒子の数の増加は単純に系の複雑さの増加には結びつかず，かえってシンプルな記述を可能にするということである．実際，熱力学の理論体系は，系を構成する個々の粒子の運動に関する情報を持っていなくとも，マクロな世界で経験的に正しいと認められている少数の基本法則（熱力学の 3 法則）と状態方程式（たとえば (1.1) 式）を基礎として構築されており，マクロ世界だけで完結した論理体系になっている．

熱力学

熱力学とは，巨視的な系（粒子数が 10^{23} 個程度）に普遍的に成立する少数の法則を公理として採用することで，巨視的な系の性質を説明する閉じた論理体系である．

熱力学では，このように先験的な事実として与えられる熱力学の 3 法則や状態方程式については，あるがままに受け入れるしか手がない．物質が微視的な原子分子から構成されていることをすでに知っている我々にとって，このような基本法則群はより微視的な立場から説明・理解されるはずだと考えることは自然であろう．このように，遥かにスケールの離れた微視的な現象と巨視的な現象を結びつける学問が統計力学である．統計力学を用いれば，微視的な世界のモデルをベースにして巨視的な世界の現象を理解することが可能になる．

1.1.2 統計集団と確率分布

圧力，温度，体積など少数の熱力学変数で指定されるある巨視的状態を考えよう．この系を構成する個々の分子の位置と運動量（微視的状態）は時々刻々変化しており，決して同じ微視的状態にとどまることはない．しかしながら，いろいろな微視的状態が勝手気ままに出現するのではなく，巨視的状態によって指定された一定の確率分布に従って微視的状態が出現することになる．このように熱力学で用いられる巨視的状態という概念は，多数の微視的状態の集団の確率分布に対応していることがわかる．このような微視的状態の集団を統計集

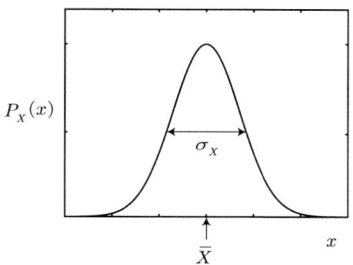

図 1.1 確率分布関数の平均と分散の意味

団と呼び,統計力学の中心的な概念として用いられる.統計集団を取り扱うための準備として,確率分布に関する数学的な手法を以下に簡単にまとめておく.

いま,確率変数 X が M 個の離散値 $\{x_1, x_2, \cdots, x_M\}$ のいずれかの値をとるとし,それぞれの事象の生起確率を $\{P_1, P_2, \cdots, P_M\}$ とする.この生起確率の集合 $\{P_1, \cdots, P_M\} \equiv \{P_i\}$ を確率変数 X の確率分布と呼ぶ.たとえば 1 個のサイコロを投げる試行において出た目の数を X とすれば,X の変域は $X \in \{1, 2, 3, 4, 5, 6\}$ となる.したがってこのサイコロの例では $x_1 = 1$, $x_2 = 2$, $\cdots$, $x_6 = 6$ であり,確率分布は $P_1 = P_2 = \cdots = P_6 = 1/6$ である.

確率分布は,総和が 1 となるように規格化されており,確率分布を特徴づける重要な量は以下で定義される平均と分散である.

$$
\begin{aligned}
\text{規格化:} \quad & \sum_{i=1}^{M} P_i = 1 \\
\text{平均:} \quad & \bar{X} = \langle X \rangle = \sum_{i=1}^{M} x_i P_i \\
\text{分散:} \quad & \sigma_X^2 = \langle (X - \bar{X})^2 \rangle = \langle X^2 \rangle - \bar{X}^2 = \sum_{i=1}^{M} (x_i - \bar{X})^2 P_i
\end{aligned}
\tag{1.2}
$$

ここで記号 $\langle \ \rangle$ は確率分布 $\{P_i\}$ に関する平均を意味しており,確率変数 X の値が x_i のときに値 A_i をとるような変数 A を考えると,その平均値は $\langle A \rangle \equiv \sum_i A_i P_i$ で定義される.図 1.1 に示すように,平均は確率分布の重心位置を指定し,一方で分散の平方根(標準偏差と呼ばれる)は確率分布関数の広がりの目安を与える.平均値の周りのばらつきのことをゆらぎと称する.

1.1.3 中心極限定理と熱力学極限

多数の確率変数の集団からなる系の振る舞いについて見てみよう．互いに独立で，同一の確率分布 $\{P_i\}$ に従う N 個の確率変数 $X^{(1)}, X^{(2)}, \cdots, X^{(N)}$ を考える．以下では，記述を簡単にするために，これら N 個の変数を $X^{(\alpha)}$ ($\alpha = 1, 2, \cdots, N$) と略記することにする．このとき，N 個の確率変数 $X^{(\alpha)}$ の値の算術平均

$$Y = \frac{X^{(1)} + X^{(2)} + \cdots + X^{(N)}}{N} \tag{1.3}$$

で定義される Y は新たな確率変数となる．先のサイコロ投げの例では，この確率変数 Y は N 回サイコロを投げたときに出る目の値の平均値に相当する．十分大きな N に対しては，たとえ元の確率変数 $X^{(\alpha)}$ の値が離散的であっても Y は連続的な値をとるようになる．

確率変数 $X^{(\alpha)}$ の確率分布 $\{P_i\}$ が有限の分散を持っていれば，それがどのようなものであっても，(1.3) 式で定義される確率変数 Y の分布は，$N \to \infty$ の極限で以下の正規分布に近づくことが知られている．

$$P_Y(y) = \frac{1}{\sqrt{2\pi\sigma_Y^2}} \exp\left[-\frac{1}{2\sigma_Y^2}(y - \bar{Y})^2\right] \tag{1.4}$$

ここで，$P_Y(y)$ は連続変数 Y に対する確率分布関数であり，Y の値が $[y, y+dy]$ の区間に入る確率が $P_Y(y)dy$ であるとして定義される．また，$\bar{Y}$ と σ_Y^2 は，確率変数 Y の平均と分散で，それぞれ以下で与えられる．

$$\begin{aligned} \bar{Y} &= \bar{X} \\ \sigma_Y^2 &= \frac{\sigma_X^2}{N} \end{aligned} \tag{1.5}$$

(1.4) 式および (1.5) 式の性質は中心極限定理と呼ばれる．

(1.5) 式からわかることは，確率分布の重心位置 $\bar{Y}$ の値は N に依存しないのに対して，分布の広がり σ_Y の値は N が大きくなるにつれて $1/\sqrt{N}$ に比例して小さくなることである．すなわち，同じ確率分布に従う非常に多数の独立な確率変数の値の平均を求めれば，その分布は平均値の周りに非常に鋭く分布することになる．

この中心極限定理の示す性質は，多数の粒子からなる巨視的系の統計的な記述に関して非常に重要な事実を伝えている．すなわち，巨視的系を構成する個々

の分子の従う確率分布がどのようなものであっても，多数の分子の集団の示す確率分布は平均値だけで記述され，平均値周りのゆらぎは無視できるということである．このように多数の分子からなる巨視的系においてゆらぎが無視できるような巨視的な極限のことを熱力学的極限と呼ぶ．熱力学が記述の対象としているのは，このような熱力学的極限にある系である．

また中心極限定理によれば，個々の分子の微視的な記述から熱力学極限にある巨視的系の記述に移る際に微視的系の特徴の多くが失われてしまい，ほんの少数の情報（たとえば確率分布の平均）のみが残ることがわかる．このようにして，熱力学極限においては微視的系の詳細に依存しない熱力学という簡単な記述が可能となるわけである．

1.2　エントロピーと熱力学ポテンシャル

1.1.2 項で簡単に述べたように，ある系の 1 つの巨視的状態には膨大な数の微視的状態が対応しており，それぞれの微視的状態は一定の出現確率で出現すると考えることができる．すなわち巨視的な状態は，微視的状態の出現確率の確率分布を規定しているといえる．このような微視的状態の集団と，それぞれの微視的状態の出現確率をあわせたものを統計集団と呼ぶ．

熱力学では，平衡にある系の状態を指定するための変数，すなわち熱力学変数として，体積，温度，圧力などと並んで，エントロピーという量が用いられる．体積，温度，圧力がそれぞれ系の容器の大きさ，微視的な分子の速度，分子の壁への衝突の際の運動量変化などの概念を用いて比較的容易に理解できるものであるのに対して，エントロピーの微視的な起源は理解が難しい．実は，このエントロピーは，統計集団における各微視的状態の出現確率の分布に対応することを後ほど学ぶことになる．熱力学の範囲では，「エントロピーとは孤立系において単調に増大し，平衡状態において最大をとる」という性質（熱力学の第 2 法則）に従うことが経験的に知られており，熱力学の大前提の 1 つとされている．この熱力学の第 2 法則も，統計集団の考え方を用いればある程度納得のできるものであることを第 3 章で示す．

熱力学において中心的な役割を果たす量は，エントロピーおよび種々の拘束条件の下でルジャンドル (Legendre) 変換によりエントロピーから派生する

熱力学ポテンシャル（エンタルピー，ヘルムホルツの自由エネルギー，ギブスの自由エネルギーなど）である．これらの熱力学ポテンシャルを計算することができれば，巨視的な系の熱力学量を求めることができる．統計力学における中心課題は，系の微視的なモデル（分子間の相互作用および分子の運動方程式など）が与えられたときに熱力学ポテンシャルを計算し，系の巨視的な性質を予言することにある．

　以下では，まず第2章において，熱力学の基本法則を簡単に復習する．次に，第3章において，統計集団を正確に定義することにより統計力学の基本的な概念であるエントロピーを導入し，統計力学を用いた種々の熱力学的量の計算方法を確立する．第4章では，このようにして導入された統計力学の概念を用いて，いくつかの簡単な例について具体的な計算を実行する．続く第5章および第6章では，それぞれ量子力学的性質の重要な系および分子間（粒子間）の相互作用の重要な系に関して統計力学を適用する方法を，種々の具体的な問題を用いて解説する．統計力学を用いると，熱力学的極限における平均量（熱力学量）だけでなく，平均量の周りのゆらぎの性質を議論することも可能である．そのようなゆらぎの取り扱いに関しては第7章において議論される．

2 熱力学の基礎事項の復習

熱力学は統計力学を構築する上で必要不可欠な理論体系である．統計力学の議論は熱力学と矛盾しないように進められなくてはならない．本章では統計力学を構築するために用いられる必要最小限の熱力学の知識を復習する．

2.1 平衡状態と熱力学第0法則

2.1.1 平衡状態と非平衡状態

系の巨視的な状態は，平衡状態と非平衡状態に分類される．平衡状態とは，巨視的なスケールで時間変化がなく，かつ系の内部に物質や熱の巨視的な流れが生じていない状態のことである．これに対して非平衡状態とは，平衡状態であるための条件が1つでも成立しない系のことであり，非平衡定常状態と非平衡非定常状態に分類される．ここで定常とは，「（巨視的スケールで）時間変化しない」という意味である．したがって非平衡定常状態とは，巨視的なスケールで時間変化のない系ではあるが，物質の濃度や温度に不均一があり，系の内部に物質の流れ（拡散流）や熱流が生じている状態である．具体的な例としては，高温熱源と低温熱源に同時に接した系において，高温熱源側から低温熱源側に一定の熱流が流れているが巨視的には変化のない系などがあげられる．ビーカーに水を入れて弱い熱源で熱しているときに，熱伝導により熱が伝えられながら一定の温度分布を維持している状態を考えるとよい．非平衡非定常系は，巨視的なスケールでも時間変化するもっとも一般的な状態である．ビーカーの水をどんどん熱してゆくとある時点で対流が生じ，最終的には巨視的なスケールで流動場が不規則に変動する乱流状態に至る．このような状態は代表的な非平衡非定常状態である．

本書では，主として平衡状態の統計力学だけを取り扱う．非平衡状態の統計力学に関しては，本書で解説する平衡統計力学の方法を基礎としつつも，それを超えた扱いが必要となる．これら非平衡統計力学に関しては種々の専門書が刊行されているので[7]，本書の内容を理解した上でそれらを参照してほしい．

2.1.2　熱力学第0法則

2つの系AとBが，共通の系Cと熱平衡にあるとき，系Aと系Bの間にも熱平衡が成り立つ．これは，「A=CかつB=CならばA=Bである」という数学の同値関係と類似の関係である．この性質を，熱力学の第0法則と呼ぶ．種々の系の温度を測定したい場合には，ある基準となる系（たとえば理想気体を用いた温度計）と測定対象の系を接触させて熱平衡を実現することで，基準系の状態を用いて測定対象の系の温度を指定することができる．したがって，熱力学第0法則は，温度という概念が定義できることを保証しているといえる．

2.2　熱力学第1法則とエントロピーの導出

図 2.1 に示すように，$i = \text{A, B, C}, \cdots$ で指定される複数の成分からなる系が，外部から熱量 ΔQ，仕事 ΔW そして i-種の粒子の流入 ΔN_i を受けて，系の内部エネルギーが E_1 から E_2 に変化したとする．このとき，全エネルギーの保存則により，以下の関係式が成立する．

$$\Delta E = E_2 - E_1 = \Delta Q + \Delta W + \sum_i \mu_i \Delta N_i \tag{2.1}$$

ここで μ_i は，系に i-種粒子を1個追加するときの系の内部エネルギーの増加分であり，化学ポテンシャルと呼ばれる．熱力学の範囲ではこの化学ポテンシャルの物理的な意味はわかりにくいが，統計力学の手法を用いて系を微視的に見れば理解は容易である．系に粒子を追加したときの内部エネルギーの変化分は，追加された粒子がもともと持っていたエネルギーによるものに加えて，この粒子が追加されたことによって他の粒子との相互作用が生じて相互作用エネルギーの増加がもたらされること，そして相互作用によって既存の粒子の配置に変化が生じることなどである．これらの効果に関しては後の章で明らかになるであろう．

2.2 熱力学第1法則とエントロピーの導出

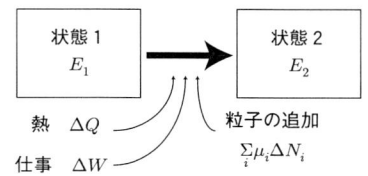

図 **2.1** 外部との熱，仕事，粒子の交換による系の状態変化

(2.1) 式は，熱力学におけるエネルギー保存則を表しており，熱力学の第1法則と呼ばれる．この熱力学の第1法則は，変化が無限小であるときには次の微分形式で書くことができる．

$$dE = đQ + đW + \sum_i \mu_i dN_i \tag{2.2}$$

ここで，記号 d は熱力学的状態量の無限小変化を表しているのに対して，$đ$ は状態量ではない熱力学量の無限小変化を表している．状態量とはその熱力学量の値が系の熱力学的状態のみで決まる量（圧力 P や温度 T などの熱力学量を定めると一意に決まる量）のことであり，系の過去の変化の経路には依存しない量である．一方，状態量ではない熱力学量の場合には，その変化量は一般に変化の経路に依存する．したがって記号 d で表される無限小変化は数学的な全微分であるのに対して記号 $đ$ で与えられる無限小変化は全微分にはならず，変化の仕方に依存する．

(2.2) 式において，系が外部から受け取る仕事 $đW$ は，圧力 P に抗して体積を dV だけ変化させるために必要な力学的な仕事であるので，$đW = -PdV$ と書ける．一方，熱の移動 $đQ$ の方は非状態量であるが，非常にゆっくりとした変化である準静的過程[*1)]においては，積分因子 $1/T$ を用いて

$$dS = \frac{đQ}{T} \tag{2.3}$$

とすることで全微分形式に書き直すことが可能である．この証明は，スタンダードな熱力学の教科書でカルノー (Carnot) サイクルを用いて示されているので，復習したい読者は参照されたい[1)]．

上記のようにして定義された熱力学量 S は状態量であり，エントロピーと呼

[*1)] 準静的過程とは，変化の各瞬間において系が平衡状態にあると仮定できる程度にゆっくりした状態の変化のことである．

ばれる．このエントロピーの定義を用いれば，熱力学第 1 法則は，

$$dE = TdS - PdV + \sum_i \mu_i dN_i \quad (準静的変化の場合) \tag{2.4}$$

と書き換えられる．

2.3 熱力学第 2 法則と熱力学ポテンシャル

2.3.1 熱力学第 2 法則

前節で導入されたエントロピーは，不可逆過程において大きな役割を果たす．外部との熱および粒子のやり取りを遮断された体積一定の系（すなわち力学的仕事も遮断されている系）は孤立系と呼ばれる．孤立系においては，自発的な変化の際にはエントロピーは必ず増大し，最終的に到達する平衡状態においてエントロピーは最大値をとる．したがって，以下のような熱力学第 2 法則が成立する．

熱力学第 2 法則

孤立系における自発的不可逆変化では $dS > 0$ である．
⇓
孤立系の熱平衡状態では S は最大値をとり，$dS = 0$ となる．

この熱力学第 2 法則は，以下のような別の表現で表されることもある．

熱力学第 2 法則の別の表現

熱は高温物体から低温物体へ自発的に流れ，決して自発的に逆流しない．

エントロピーを含む (2.4) 式の関係式は準静的過程でのみ成立するが，準静的ではない非可逆過程においては上の熱力学第 2 法則により，(2.4) 式の dS が可逆過程の場合よりも大きくなる．したがって，

2.3 熱力学第 2 法則と熱力学ポテンシャル

$$dE \leq TdS - PdV + \sum_i \mu_i dN_i \tag{2.5}$$

となる．

2.3.2 熱力学ポテンシャルの定義

(2.5) 式の表現は，系の内部エネルギー E，体積 V および粒子数 $\{N_i\} \equiv \{N_A, N_B, \cdots\}$ が固定されているという拘束条件（すなわち孤立系）の下での表現である．(2.5) 式がエントロピー S を E, V, $\{N_i\}$ を独立変数に見立てた表現になっていることに注意されたい．このように，エントロピーは，その独立変数 E, V, $\{N_i\}$ を固定する条件下での平衡状態において最大値をとるという性質を持っている．

上記の孤立系の拘束条件とは異なる拘束条件の下での平衡状態を議論するためには，(2.5) 式に対してルジャンドル変換を施して，独立変数を変えてやればよい．この操作によって，以下の代表的な熱力学ポテンシャルが得られる．

種々の熱力学ポテンシャル

内部エネルギー
$$dE \leq TdS - PdV + \sum_i \mu_i dN_i$$
エンタルピー
$$dH \equiv d(E + PV) \leq TdS + VdP + \sum_i \mu_i dN_i$$
ヘルムホルツ (Helmholtz) 自由エネルギー
$$dF \equiv d(E - TS) \leq -SdT - PdV + \sum_i \mu_i dN_i$$
ギブス (Gibbs) 自由エネルギー
$$dG \equiv d(E - TS + PV) \leq -SdT + VdP + \sum_i \mu_i dN_i$$
グランドポテンシャル
$$d\Omega \equiv d(E - TS - \sum_i \mu_i N_i) \leq -SdT - PdV - \sum_i N_i d\mu_i$$

（いずれも等号は可逆過程の場合に限る） (2.6)

このようにしてルジャンドル変換によって作られた (2.6) 式の各表現の右辺

に現れる独立変数は，それぞれの自由エネルギーの自然な変数と呼ばれる．また，ルジャンドル変換によって互いに入れ替わる変数を共役な変数と呼ぶ．

2.3.3 熱力学ポテンシャルの特性と物理的意味
(2.6) 式に示した種々の熱力学ポテンシャルは以下の性質を持つ．
- (2.6) 式のヘルムホルツの自由エネルギー F の式で温度 T と粒子数 $\{N_i\}$ を一定にする ($dT=0,\ dN_i=0$) と，可逆変化では，

$$dF = -PdV = đW \tag{2.7}$$

となる．これは，等温，粒子数一定の条件下では，平衡状態にある系から力学的に取り出せるエネルギーがヘルムホルツの自由エネルギーに相当していることを示しており，ヘルムホルツの自由エネルギーがあたかもポテンシャルのような働きをすることを示している．これが，熱力学ポテンシャルの名前の由来である．

- 各熱力学ポテンシャルは，その自然な変数が固定された条件の下での非可逆過程においては単調に減少し，平衡状態において最小となる．たとえば，

$$dF \leq 0 \quad (T,\ V,\ \{N_i\}\ 一定のとき) \tag{2.8}$$

となる[*2]．

2.4 有用な熱力学の一般的関係式

本節では，どのような系であっても一般的に成り立ついくつかの有用な熱力学的関係式を紹介する．

2.4.1 マクスウェル (Maxwell) の関係式
(2.6) 式に与えられた熱力学ポテンシャルの全微分表現を一般的に

$$dU = \left(\frac{\partial U}{\partial A}\right)_{B,C} dA + \left(\frac{\partial U}{\partial B}\right)_{C,A} dB + \left(\frac{\partial U}{\partial C}\right)_{A,B} dC$$

[*2] エントロピーだけは平衡状態で最大になるが，他の熱力学ポテンシャルは平衡状態で最小になる．これは，定義式の符号の取り方によるもので，本質的な違いではない．

$$\equiv XdA + YdB + ZdC \tag{2.9}$$

と書こう．ここに $U = U(A, B, C)$ は熱力学ポテンシャル，A, B, C は熱力学ポテンシャル U の自然な変数であり，X, Y, Z はそれらと共役な変数である．2 階微分の連続性により

$$\left(\frac{\partial X}{\partial B}\right)_{A,C} = \left(\frac{\partial Y}{\partial A}\right)_{B,C} = \frac{\partial^2 U}{\partial A \partial B} \tag{2.10}$$

が成立する．また (2.9) 式の他の組み合わせに対しても同様の関係式が成立する．これらの関係式はマクスウェルの関係式と呼ばれる．たとえば，

$$dF = -SdT - PdV + \sum_i \mu_i dN_i \tag{2.11}$$

を (2.10) 式に適用すると，

$$\begin{aligned}
\left(\frac{\partial S}{\partial V}\right)_{T,\{N_i\}} &= \left(\frac{\partial P}{\partial T}\right)_{V,\{N_i\}} \\
\left(\frac{\partial S}{\partial N_i}\right)_{T,V,\{N_j\}(j\neq i)} &= -\left(\frac{\partial \mu_i}{\partial T}\right)_{V,\{N_i\}} \\
\left(\frac{\partial P}{\partial N_i}\right)_{T,V,\{N_j\}(j\neq i)} &= -\left(\frac{\partial \mu_i}{\partial V}\right)_{T,\{N_i\}}
\end{aligned} \tag{2.12}$$

を得る．

2.4.2　偏微分における変数変換

一般に 1 成分系の熱力学的な状態は 3 個の熱力学変数で指定されるが（たとえば (2.6) 式を参照），粒子数 N が固定されている場合には独立な熱力学変数の個数は 2 個になる．そのような場合，3 個の熱力学変数 A, B, C の間には関数関係が存在することになる．このとき，

$$\begin{aligned}
\left(\frac{\partial C}{\partial A}\right)_B &= \frac{1}{\left(\frac{\partial A}{\partial C}\right)_B} \\
\left(\frac{\partial A}{\partial B}\right)_C \left(\frac{\partial B}{\partial C}\right)_A \left(\frac{\partial C}{\partial A}\right)_B &= -1
\end{aligned} \tag{2.13}$$

が成立する．

[証明] A, B, C のうち A, B を独立変数と見ると，

$$dC = \left(\frac{\partial C}{\partial A}\right)_B dA + \left(\frac{\partial C}{\partial B}\right)_A dB \tag{2.14}$$

と書ける．一方 A, C を独立変数と見ると，

$$dB = \left(\frac{\partial B}{\partial A}\right)_C dA + \left(\frac{\partial B}{\partial C}\right)_A dC \tag{2.15}$$

となる．両式から dB を消去して dA と dC の一次独立性を用いれば (2.13) 式の 2 つの関係式が導出できる．

〔証明終了〕

2.4.3　オイラー (Euler) の方程式とギブス–デュエム (Gibbs-Duhem) の関係式

図 2.2 に示すように，同じ状態にある 2 つの系を接触させると，熱力学第 0 法則によって変化は生じない．このとき，接触後の状態における温度 T や圧力 P は接触前の値と変化はないが，体積 V や粒子数 $\{N_i\}$ は接触前の 2 つの系の値の和になる．前者のように系の大きさに依存しない変数を示強性変数，後者の系の大きさに比例する値を持つ変数を示量性変数と呼ぶ．エントロピーは，その定義式 (2.3) 式からわかるように示量性の変数である．このエントロピーの示量性の性質を使うことで，以下の 2 つの関係式を導くことができる．

$$E - TS + PV - \sum_i \mu_i N_i = 0 \quad \text{（オイラーの方程式）} \tag{2.16}$$

$$SdT - VdP + \sum_i N_i d\mu_i = 0 \quad \text{（ギブス--デュエムの関係式）} \tag{2.17}$$

[証明]　エントロピー $S = S(E, V, \{N_i\})$ の自然な変数 E, V, $\{N_i\}$ は，すべて示量性変数である．したがって，系の大きさを λ 倍にすると各変数も λ 倍になり，その結果エントロピー自身も λ 倍になる．よって，

$$S(\lambda E, \lambda V, \{\lambda N_i\}) = \lambda S(E, V, \{N_i\}) \tag{2.18}$$

となる．この式の両辺を λ で偏微分すると

2.4 有用な熱力学の一般的関係式

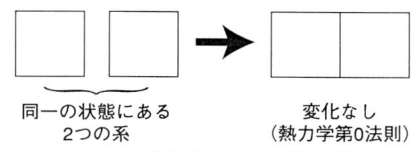

図 **2.2** 独立系の接合と示量変数

$$(2.18) \text{ 式左辺} \Rightarrow \left(\frac{\partial S}{\partial(\lambda E)}\right)_{V,\{N_i\}} \frac{\partial(\lambda E)}{\partial \lambda} + \left(\frac{\partial S}{\partial(\lambda V)}\right)_{E,\{N_i\}} \frac{\partial(\lambda V)}{\partial \lambda}$$
$$+ \sum_i \left(\frac{\partial S}{\partial(\lambda N_i)}\right)_{E,V,\{N_j\}(j\neq i)} \frac{\partial(\lambda N_i)}{\partial \lambda} \tag{2.19}$$

となる．ここで $\lambda = 1$ とおくと

(2.18) 式左辺

$$\Rightarrow E\left(\frac{\partial S}{\partial E}\right)_{V,\{N_i\}} + V\left(\frac{\partial S}{\partial V}\right)_{E,\{N_i\}} + \sum_i N_i \left(\frac{\partial S}{\partial N_i}\right)_{E,V,\{N_j\}(j\neq i)}$$
$$= \frac{E}{T} + \frac{PV}{T} - \sum_i \frac{\mu_i N_i}{T} \tag{2.20}$$

となる．最後の行に移るときに，$dE = TdS - PdV + \sum_i \mu_i N_i$ と (2.9) 式の関係式から導かれる関係式を用いた．一方，(2.18) 式右辺の方は λ で微分して $\lambda = 1$ とおくと S になる．これより，(2.16) 式が得られる．つぎに (2.16) 式の両辺を全微分し，両辺から熱力学第 1 法則から導かれる式 (2.4) 式を引くと，(2.17) 式が得られる．

〔証明終了〕

オイラーの関係式を用いると，

$$\Omega = E - TS - \sum_i \mu_i N_i = -PV \tag{2.21}$$

を得る．したがって (2.6) 式で定義したグランド・ポテンシャルは，実は圧力と体積の積で表すことができることがわかる．

2.4.4 熱力学第 3 法則

内部エネルギーや自由エネルギーの基準点は我々が任意に選ぶことができる

が，エントロピーの基準点は任意に選ぶことはできない．これは以下の熱力学第3法則と呼ばれる経験則のためである．

$$\lim_{T \to 0} S = 0 \tag{2.22}$$

この法則によれば，$T=0$ に近づくときすべての物体のエントロピーは同じ値をとることになり，その値がエントロピーの基準点になる[*3]．

2.5 状態方程式
―系に固有の性質―

ここまでの議論は，すべての巨視的系で成立する一般的な法則に関するものであった．そこには，それぞれの系に固有の性質は現れてこない．系の個別の性質を熱力学に導入するための手段として状態方程式が用いられる．

状態方程式の例としては，希薄気体に関する次の経験則があげられる．

$$\begin{aligned} PV &= nRT \quad (\text{ボイル–シャルル (Boyle–Charles) の法則}) \\ E &= \frac{3}{2}nRT \quad (\text{単原子気体の場合}) \end{aligned} \tag{2.23}$$

ここで，n は気体のモル数，R は気体定数である．これら2つの式が互いに独立な関係式であることは，2原子分子からなる希薄気体の場合に (2.23) 式の第1式は同一であるにもかかわらず，第2式の係数が 3/2 から 5/2 に変化することから理解できるであろう．

状態方程式

個別の系の特徴
⇓
状態方程式： 平衡状態における状態変数間の関係式
　　　　　　（熱力学第0～第3法則からは導けない）

[*3] この法則には例外がある．詳細は 5.2.5 項を参照されたい．

たとえば，1 成分系の関係式

$$dE = TdS - PdV + \mu dN \tag{2.24}$$

から導かれる以下の 3 つの関係式を考える．

$$T = \left(\frac{\partial E}{\partial S}\right)_{V,N}, \quad P = -\left(\frac{\partial E}{\partial V}\right)_{S,N}, \quad \mu = \left(\frac{\partial E}{\partial N}\right)_{S,V} \tag{2.25}$$

これらの式の右辺を具体的に状態変数の関数として表したものを状態方程式という．ただし，(2.17) 式のギブス–デュエムの関係式により T, P, μ のうちの 1 つは独立ではないから，独立な状態方程式の数は 2 となる．

3 統計力学の基礎

統計力学とは，系を構成する粒子（原子・分子）を用いた微視的な記述から，系の巨視的な性質（熱力学的性質など）を導き出す処方箋を与える理論体系である．本章では，統計力学の基礎的な概念を導入し，統計力学を用いて熱力学的性質を計算する手法について学ぶ．

3.1 位相空間とリウビル (Liouville) の定理

3.1.1 一般化座標と一般化運動量

位相空間の概念を理解するために，ここでは原子・分子の位置座標や運動量座標のような系を構成する微視的な自由度が古典力学に従っていると考えよう[*1]．

古典力学の記述形式としてハミルトン (Hamilton) 力学の形式を採用する．ハミルトン形式においては，系の状態は

$$
\begin{aligned}
&\text{一般化座標} \quad &&\{q_1(t), q_2(t), \cdots, q_f(t)\} \equiv \{q_\mu(t)\} \\
&\text{一般化運動量} \quad &&\{p_1(t), p_2(t), \cdots, p_f(t)\} \equiv \{p_\mu(t)\} \\
&&&(\mu = 1, 2, \cdots, f) \qquad (3.1)
\end{aligned}
$$

で記述される．ここで f はこの系の独立な一般化座標の数で，この力学系の自由度と呼ばれる．3次元の N 粒子系では，粒子内の自由度を考えなければ $f = 3N$ となる．巨視的な状態は T, P, V などの少数の熱力学変数で指定されるが，微視的な状態は $2f$ 個の力学変数 $\{q_\mu\}$ および $\{p_\mu\}$ で指定される．

[*1] 本来は量子力学的な性質が無視できないが，その補正は後ほど取り入れる．

3.1.2 位相空間と位相軌道

(3.1) 式で定義される一般化座標と一般化運動量は,以下のハミルトンの正準方程式に従って時間発展する.

$$\begin{aligned} \dot{q}_\mu &= \frac{\partial H}{\partial p_\mu} \\ \dot{p}_\mu &= -\frac{\partial H}{\partial q_\mu} \end{aligned} \quad (3.2)$$

ここで,$H \equiv H(\{q_\mu\}, \{p_\mu\})$ は系のハミルトニアンであり,$\dot{q}_\mu$ や $\dot{p}_\mu$ のドット($\dot{\ }$)は時間微分 d/dt を表している.図 3.1 に示すように,(3.2) 式は時間 t をパラメタとした $2f$ 次元の空間 $(\{q_\mu\}, \{p_\mu\})$ 中の曲線のパラメタ表示であるとみなすことができる.この時間 t をパラメタとする曲線 $(\{q_\mu(t)\}, \{p_\mu(t)\})$ を位相軌道と呼び,この位相軌道が埋め込まれている $2f$ 次元の空間を位相空間と呼ぶ[*2].

位相空間は,以下の性質を持っている.

性質 1)　位相空間中の 1 点は全系の微視的状態を指定する.
性質 2)　位相軌道は互いに交差しない.
性質 3)　$H(\{q_\mu\}, \{p_\mu\})$ が時間 t を陽に含まないときには,
　　　　$H = $ 一定　の等エネルギー面 ($2f - 1$ 次元超曲面) が存在する.

この系が古典力学に従っているなら,ある時点の一般化座標と一般化運動量をすべて指定すれば,この系の未来も過去もすべて定まることになる.したがって性質 1) により,位相空間の 1 点を指定することは多自由度の古典力学系の全

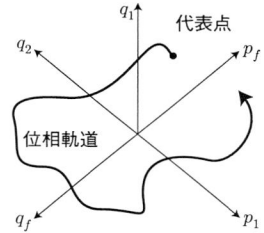

図 **3.1**　$2f$ 次元の位相空間と位相軌道

[*2]　一般化座標 $\{q_1, \cdots, q_f\}$ だけで張られる f 次元の空間は配位空間と呼ばれる.

体の挙動を完全に指定することになる[*3]．このように，力学系の状態を指定する位相空間中の点を代表点と呼ぶ．もし2つの位相軌道が交差しているとすると，交差点の状態に対して異なる未来が2つ存在することになり，性質1) に反する．したがって位相軌道は交差してはならず，性質2) が示される．性質3) は，外部と熱や仕事，粒子のやり取りをしない孤立系に対応しており，系の運動は等エネルギー面上に限られる．

3.1.3 リウビルの定理

図 3.2 のように，位相空間中の微小領域を考え，この内部の多数の代表点の分布を考えよう．このとき，以下のリウビルの定理が成立する．

リウビルの定理

位相空間中の代表点の集団からなる微小領域は時間とともに移動・変形するが，その体積は一定に保たれる．（図 3.2 参照）
このことより，等エネルギー面上に一様に分布する代表点の集団は時間変化しないことがわかる．

この定理によれば，位相空間中の代表点の集団はあたかも非圧縮の流体のように振る舞うことがわかる．リウビルの定理の証明は以下のとおりである．
[証明] まず，以下のような変数を定義する．

$$\Gamma \equiv (q_1, \cdots, q_f, p_1, \cdots, q_f): \quad \text{位相空間中の1点}$$

$$\rho(\Gamma, t): \quad \Gamma における代表点の数密度$$

$$\text{（位相空間の単位体積当たりの代表点の数）}$$

$$\mathbf{v}(\Gamma) \equiv (\dot{q}_1, \cdots, \dot{q}_f, \dot{p}_1, \cdots, \dot{p}_f): \quad \text{代表点の移動速度} \quad (3.3)$$

位相空間 (Γ 空間) 中の任意の閉領域 $\mathcal{R}$ とその境界 $\partial \mathcal{R}$ を考える．ここで，dS は境界面上の面積要素 ($2f-1$ 次元) であり，$\mathbf{n}$ はこの面積要素の外向き単位法線ベクトルである．

[*3] 量子力学系の場合には，ある時点の波動関数を与えれば未来および過去の任意の時点の波動関数を求めることができるという意味で系の状態は完全に指定される．

3.1 位相空間とリウビルの定理

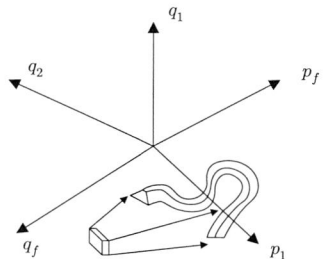

微小体積要素 $\Delta q_1 \cdots \Delta q_f \Delta p_1 \cdots \Delta p_f$

図 **3.2** 位相空間中の代表点の集団の時間変化

領域 $\mathcal{R}$ の内部の代表点の数の変化は

$$\frac{\partial}{\partial t}\int_{\mathcal{R}} \rho \, d\Gamma = -\int_{\partial \mathcal{R}} \rho \mathbf{v} \cdot \mathbf{n} dS \tag{3.4}$$

で与えられる．右辺に対してガウスの定理を用いれば，

$$\int_{\mathcal{R}} d\Gamma \left[\frac{\partial \rho}{\partial t} + \mathrm{div}(\rho \mathbf{v})\right] = 0 \tag{3.5}$$

を得る．ただし記号 div は $2f$ 次元の位相空間中での発散を意味しており，$2f$ 次元のベクトル $(a_1, \cdots, a_f, b_1, \cdots, b_f)$ に対して

$$\mathrm{div}(a_1, \cdots, a_f, b_1, \cdots, b_f) \equiv \sum_{\mu}\left[\frac{\partial a_\mu}{\partial q_\mu} + \frac{\partial b_\mu}{\partial p_\mu}\right] \tag{3.6}$$

で定義される．

(3.5) 式において領域 $\mathcal{R}$ は任意であるので，この式が常に成立するためには

$$\frac{\partial \rho}{\partial t} + \mathrm{div}(\rho \mathbf{v}) = 0 \tag{3.7}$$

でなくてはならない．これは連続の式と呼ばれる．(3.3) 式の第 3 行目に定義された代表点の移動速度を用いれば，

$$\begin{aligned}\mathrm{div}(\rho \mathbf{v}) &= \sum_{\mu=1}^{f}\left[\frac{\partial}{\partial q_\mu}(\rho \dot{q}_\mu) + \frac{\partial}{\partial p_\mu}(\rho \dot{p}_\mu)\right]\\ &= \sum_{\mu=1}^{f}\left[\frac{\partial}{\partial q_\mu}(\rho \frac{\partial H}{\partial p_\mu}) + \frac{\partial}{\partial p_\mu}(-\rho \frac{\partial H}{\partial q_\mu})\right]\end{aligned}$$

$$= \sum_{\mu=1}^{f}\left[\frac{\partial\rho}{\partial q_\mu}\frac{\partial H}{\partial p_\mu} - \frac{\partial\rho}{\partial p_\mu}\frac{\partial H}{\partial q_\mu}\right]$$
$$\equiv \{\rho, H\} \tag{3.8}$$

となる．ただし 2 行目に移行するときに (3.2) 式を用いた．ここで定義された $\{\rho, H\}$ は ρ と H のポアソン括弧と呼ばれる．

(3.8) 式を (3.7) 式に代入すると，
$$\frac{\partial\rho}{\partial t} + \{\rho, H\} = 0 \tag{3.9}$$

を得る．この方程式はリウビルの方程式と呼ばれ，位相空間中での代表点の集団の時間発展を記述する方程式である．このリウビルの方程式を用いれば，位相空間中での代表点の流れに沿った ρ の微分は，

$$\begin{aligned}\frac{d}{dt}\rho(\Gamma, t) &= \sum_{\mu=1}^{f}\left[\frac{\partial\rho}{\partial q_\mu}\dot{q}_\mu + \frac{\partial\rho}{\partial p_\mu}\dot{p}_\mu\right] + \frac{\partial\rho}{\partial t}\\ &= 0\end{aligned} \tag{3.10}$$

となる．したがって，流れに沿って代表点の密度は一定である．

〔証明終了〕

3.2　統計力学における非可逆過程

熱力学の議論の中で，古典力学との対応から直感的に納得しがたい概念が，熱力学第 2 法則が示している非可逆過程の概念である．熱力学で記述される孤立系では，熱力学第 2 法則に従って系のエントロピーは単調に増大し，最終的に平衡状態に至る．エントロピーが減少するような過程は決して観測されない．したがって，熱力学の時間発展法則は非可逆である．しかしながら，この系を構成している原子・分子の運動を支配している力学の法則は時間に関して可逆である．すなわち，ある瞬間にすべての粒子の位置を変えずに運動量の符号だけを反転すると，系は今までたどってきた位相軌道を完全に逆にたどりながら過去に戻ることができる．このような過程は，力学法則になんら抵触しない．

> ## 微視的系の可逆性と巨視的系の不可逆性
>
> 微視的な時間発展： 力学（正準方程式） ⇒ 可逆
> 巨視的な時間発展： 熱力学第 2 法則　　 ⇒ 不可逆

正準方程式に従う力学の運動が可逆であることは，以下のようにして証明できる．

[証明]　正準方程式

$$\begin{cases} \dot{q}_\mu = \dfrac{\partial H}{\partial p_\mu} \\ \dot{p}_\mu = -\dfrac{\partial H}{\partial q_\mu} \end{cases} \tag{3.11}$$

において，時間反転

$$\begin{cases} t \to -t \\ q_\mu \to q_\mu \\ p_\mu \to -p_\mu \end{cases} \tag{3.12}$$

を行う．この時間発展によって，系のハミルトニアン H は不変に保たれる（ハミルトニアンの中では，運動量は 2 乗の形で現れる）．(3.12) 式を (3.11) 式に適用すると，

$$\begin{cases} -\dot{q}_\mu = -\dfrac{\partial H}{\partial p_\mu} \\ \dot{p}_\mu = -\dfrac{\partial H}{\partial q_\mu} \end{cases} \tag{3.13}$$

となって，元の正準方程式と同じものになる．したがって，時間を反転しても力学法則は不変である．この性質は，古典力学系に限られるものではなく，量子力学に従う系でも事情は同じである[*4)]．

〔証明終了〕

ここで示したように，巨視的系の不可逆性は微視的な力学法則からは導かれるものではない．それでは巨視的系の不可逆性はどのように理解すればいいのであろうか？　統計力学が対象としている系は，粒子数 N が非常に多い ($N \gg 1$)

[*4)] 量子力学系では，波動関数の時間発展を記述するシュレーディンガー方程式において時間反転を行うと，波動関数によって決まる物理量の期待値の時間発展が不変であることがわかる．

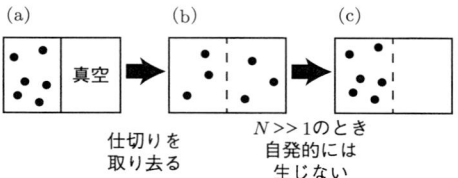

図 3.3 (a) 箱の一方の側に閉じ込められた気体の仕切りを取り去って自由にすると，(b) 自発的に箱全体を埋め尽くし，(c) その後いくら待っても自発的に元の状態に戻る確率はほぼ 0 である．

多自由度系であることを思い出そう．このような多自由度系では個々の粒子の位置と運動量を正確に指定することは不可能なので，確率的な考え方を用いる必要がある．図 3.3 に示されたように容器の中央に仕切りを置き，容器の一方の側を気体で満たし，もう一方の側を真空にした系を考えよう．中央の仕切りを取り去ったときに気体が容器のもう一方の側に拡散してゆき，最終的に容器全体を占める過程が観測されるが，いったん容器全体を占めた気体が元のように容器の一方に自発的に集まる過程が観測されることは決してない．しかしながら，ある瞬間にすべての粒子の位置を変えずにその速度だけを反転すれば，この粒子系はそれまでの経路を逆にたどって最初の状態に至ることは力学法則から明らかである．なぜ力学法則に反しないにもかかわらずこのような過程が実際には観測されないかの理由は，すべての可能な微視的状態のうちで系の時間変化を逆にたどるような微視的状態の数が圧倒的に少ないことに起因している．このことを確率の考えを用いて確認してみよう．

図 3.3 の (b) の状態において，それぞれの粒子は独立に確率 $1/2$ で容器の左右の領域のどちらかにいると考えよう．このとき，容器の左の領域に k 個，右の領域に $N-k$ 個の粒子を見出す確率 $P(k)$ は，

$$P(k) = {}_N C_k \left(\frac{1}{2}\right)^k \left(\frac{1}{2}\right)^{N-k} = \frac{N!}{k!(N-k)!}\left(\frac{1}{2}\right)^N \tag{3.14}$$

で表される．このとき，

1) 全粒子が左側の領域にいる確率：

$$P(N) = \frac{N!}{N!\,0!}\left(\frac{1}{2}\right)^N = \left(\frac{1}{2}\right)^N \tag{3.15}$$

2) 左右の領域に同数の粒子がいる確率：

$$P(N/2) = \frac{N!}{\left(\dfrac{N}{2}\right)!\left(\dfrac{N}{2}\right)!} \left(\frac{1}{2}\right)^N \tag{3.16}$$

となる．

これら 2 つの場合の確率の値がどの程度違っているのかを比較するためには，$N!$ の評価を行う必要がある．その際に有用となる公式が，つぎのスターリング (Stirling) の公式である．

スターリングの公式

$N \gg 1$ のときに
$$N! \sim N^N e^{-N} \quad \text{あるいは} \quad \ln N! \sim N \ln N - N \tag{3.17}$$

この公式の証明は以下のように与えられる．

[証明]　スターリングの公式は，以下のように積分を用いて証明できる．

$$\begin{aligned}
\ln N! &= \ln(1 \cdot 2 \cdot 3 \cdots N) \\
&= \ln 1 + \ln 2 + \cdots + \ln N \\
&\sim \int_0^N \ln x \, dx = [x \ln x - x]_0^N = N \ln N - N
\end{aligned} \tag{3.18}$$

なお，この公式はより正確には

$$N! \sim \sqrt{2\pi N} N^N e^{-N} \tag{3.19}$$

であることが知られている．

〔証明終了〕

このスターリングの公式を (3.16) 式に適用すると，

$$P(N/2) \sim \frac{N^N e^{-N}}{\left(\dfrac{N}{2}\right)^{N/2} e^{-(N/2)} \left(\dfrac{N}{2}\right)^{N/2} e^{-(N/2)}} \left(\frac{1}{2}\right)^N = 1 \tag{3.20}$$

となる．したがって，

$$\begin{cases} P(N) \sim \left(\dfrac{1}{2}\right)^N \ll 1 \\ P(N/2) \sim 1 \end{cases} \tag{3.21}$$

であることがわかる．すなわち $N \gg 1$ のときには，ほぼ確実に容器の左右には同数の粒子が分布していることになる．この結果より，容器の一方に粒子が偏在している状態はすべての可能な状態のなかで無視できる程度の確率しか持たず，そのような状態から出発した場合には，系はより実現確率の高い状態（いまの例では左右に均等に粒子が分布する状態）にほぼ確実に移行することになる．これが不可逆性の確率解釈である．またこの解釈によると，平衡状態とは実現確率が最大になる状態であると考えることができる．このアイデアは，本章の後の節でエントロピーの統計力学的な意味づけを与える際に利用される．

3.3 量子状態と量子統計・古典統計

古典力学に立脚して統計力学を定式化しようとすると，位相空間が連続空間であるという問題に直面する．これは微視的状態すなわち位相空間内の点を1個，2個，··· と勘定することができないということに起因する問題である．この問題は量子力学を用いて解決される．その方法に関して本節で議論する．

3.3.1 量子状態

古典力学では，粒子の位置と運動量は同時にいくらでも正確に決定することができると考えている．ところが量子力学では，粒子の波動性のために位置と運動量は同時には正確に決めることはできない．これは以下のハイゼンベルク (Heisenberg) の不確定性という概念で定式化される．

ハイゼンベルクの不確定性原理

一般化座標 q とそれに対応する一般化運動量 p の測定誤差を Δq と Δp とすれば，理想的な観測において

$$\Delta q \cdot \Delta p \sim h \tag{3.22}$$

となる.ここで h は $h = 6.626 \times 10^{-34}$ [J s] なる定数で,プランク定数と呼ばれる.

この不確定性原理を用いれば,$2f$ 次元の位相空間において $\Delta q_1 \cdots \Delta q_f \times \Delta p_1 \cdots \Delta p_f = h^f$ の体積を持つ微小領域内の状態は互いに区別できないことになる.これは量子力学における量子化の条件に相当しており,図 3.4 のように,位相空間が体積 h^f の微小領域ごとに定義された離散的な微視的状態に分割されることを意味している.このような量子化された状態を量子状態と呼ぶこともある.

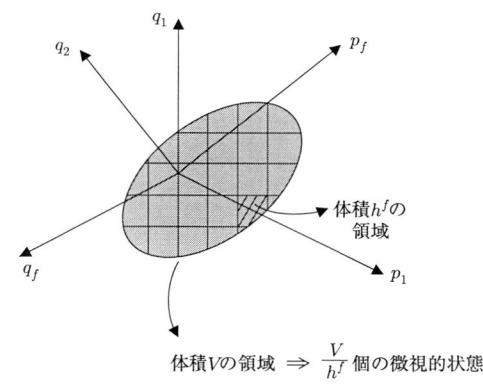

図 3.4 ハイゼンベルクの不確定性原理のために,$2f$ 次元の位相空間中の体積 h^f の微小領域内の状態は区別がつかず,このような微小領域ごとに 1 個の微視的状態があると考えることができる.

a. 例 1:1 次元調和振動子の量子状態

例として 1 次元調和振動子を考えてみよう.質量 m,角振動数 ω の 1 次元調和振動子のハミルトニアンは,

$$H = \frac{p^2}{2m} + \frac{1}{2}m\omega^2 q^2 \tag{3.23}$$

で与えられる.量子力学の計算により,この系のエネルギー準位は量子化されて

$$\epsilon_n = (n + \frac{1}{2})\hbar\omega \quad (n = 0, 1, 2, \cdots) \tag{3.24}$$

となる.ここに $\hbar \equiv h/(2\pi)$ である.この 1 次元調和振動子の古典力学による

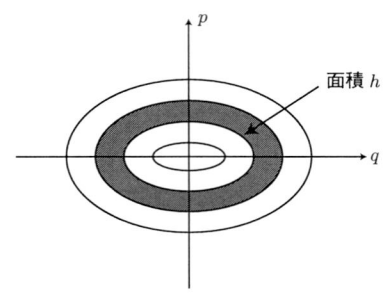

図 3.5 1次元調和振動子の異なるエネルギー準位に対応する位相空間中の古典軌道

運動を (q,p) で表される2次元の位相空間の位相軌道として描けば，図 3.5 のような楕円軌道になる．隣り合う楕円軌道（すなわち n の値が1だけ違う軌道）の間の領域の面積が h になっていることを確認することは容易である．したがってこの1自由度系 $(f=1)$ においては，1つの量子状態（微視的状態）に対応する位相空間の体積が h $(=h^f)$ であることがわかる．

b. 例2：多自由度系の量子状態

多自由度系の場合に量子状態がどうなるかを，ハミルトニアンが

$$H = \sum_{\mu=1}^{f} \left[\frac{p_\mu}{2m} + \frac{1}{2}m\omega^2 q_\mu^2 \right] \qquad (3.25)$$

で与えられる f 自由度の相互作用のない調和振動子系を用いて考えてみよう．このような理想系では，系全体の量子状態はそれぞれの自由度の量子状態を組み合わせたもので記述される．図 3.6 に示すように，それぞれの自由度（たとえば粒子）を1自由度の量子状態に割り振ることで，全系の量子状態（微視的状態）が定義されることになる．量子力学によると，このように粒子を1自由度（あるいは1粒子）の量子状態に割り振る方法には制限がつくことが知られている．この方法の概念については次項で簡単に解説するが，本格的な計算は第5章で解説される．

3.3.2 量子系の統計性

量子系の統計力学を構築する際には，量子力学に由来する以下の2つの性質が特に重要である．

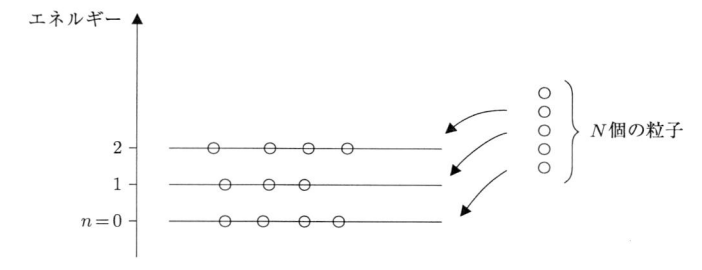

図 3.6 相互作用のない多自由度系の量子状態（微視的状態）は，それぞれの自由度ごとの量子状態に粒子を割り振ったものの集合と考えられる．

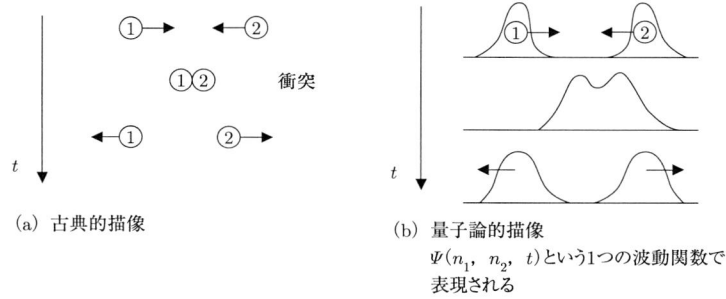

図 3.7 (a) 古典力学の描像と (b) 量子力学の描像における 2 粒子の散乱過程

a. [性質 1] 同種粒子は互いに区別できない

古典力学の描像では，たとえ同じ種類の粒子であっても互いに見分けられると考える．ところが量子力学では，同種粒子は本質的に見分けることは不可能である．これは，量子力学においては粒子は波動関数によって表現されることに起因している．古典力学において空間のある位置に存在する粒子とは，量子力学においてはその位置に局在した波動関数（波束）で表現される．図 3.7 に示すように，$\mathbf{r}_1$, $\mathbf{r}_2$ という位置座標を持つ 2 つの粒子の運動は，量子力学では $\psi(\mathbf{r}_1, \mathbf{r}_2, t)$ という 1 つの波動関数の時間発展で記述されることになる．2 つの波束が衝突し散乱する過程で，最初に入射した波束のどちらが散乱後のどちらの波束になったかを議論することには意味がないことがわかるであろう．したがって，量子力学的には同種粒子は見分けがつかないことになる[*5]．

[*5] 異なる種類の粒子は，もちろん見分けることができる．

b. [性質 2] 量子状態への粒子の配り方には制限がある（粒子の統計性）

図 3.6 のように，多自由度系で各粒子を 1 粒子の量子状態に配る場合には，粒子の持つ量子力学的な性質のために，以下のような 2 種類の制限を持った粒子に分類される．

粒子の統計性

- ボーズ–アインシュタイン (Bose-Einstein; 以下 BE と略す) 統計：
  同一の 1 粒子量子状態には何個でも粒子を入れることができる．
- フェルミ–ディラック (Fermi-Dirac; 以下 FD と略す) 統計：
  同一の 1 粒子量子状態には高々 1 個の粒子しか入ることができない．

これらの性質は粒子の種類ごとに決まっており，常に同じように振る舞う．

このような性質を粒子の統計性と呼ぶ．ある粒子が BE 統計に従うか，あるいは FD 統計に従うかは，その粒子のスピンという変数によって決まることが知られている．スピンが $0, \pm 1, \pm 2, \cdots$ のように整数値をとる粒子は BE 統計に従い，スピンが $\pm 1/2, \pm 3/2, \cdots$ のように半整数値をとる粒子は FD 統計に従う．たとえば，光を構成する光子や結晶中の格子振動を表すフォノンは整数のスピンを持っており BE 粒子として振る舞うが，陽子・中性子・電子などは半整数のスピンを持っており FD 粒子として振る舞う．この統計性に関しては第 5 章にて詳しく論じる．

さて，性質 2) により同種粒子は見分けがつかないので，多数の粒子を 1 粒子量子状態に配る配り方としては，どの状態に何個の粒子が入っているかということだけが重要になる．したがって，量子系における全系の微視的状態（量子

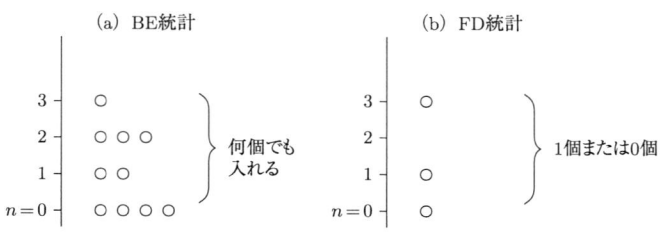

図 3.8 (a)BE 統計と (b)FD 統計における全系の微視的状態（量子状態）

状態）は，各 1 粒子量子状態に配られた粒子の個数の組み合わせで指定されることになる（図 3.8）．

3.3.3 量子統計と古典統計

後に明らかにするように，系の温度は統計力学の立場では粒子の平均の運動エネルギーによって測られる ((3.86) 式および (4.12) 式を参照)．

量子力学においては，空間的に閉じ込められた系の各粒子のエネルギー準位はとびとびの離散的な値をとる．隣り合うエネルギー準位間のエネルギー差と粒子の平均運動エネルギーの大小関係によって，系の挙動が変わることが容易に予想できるであろう．

系の温度が十分に低い場合には，粒子の平均運動エネルギーが隣り合うエネルギー準位間のエネルギー差と同程度以下になりえる．このような状況では，各粒子が占めることのできる 1 粒子量子状態の数は限られているので，複数の粒子が同じ量子状態を占めようとして競合が生じる．そうすると，粒子の統計性によって同一の量子状態を占めることが禁止されている（FD 統計）か，あるいは許されているか（BE 統計）の差が顕著に現れる．すなわち，系は量子統計の持つ特徴を示すようになる．また，たとえ高温であっても粒子の密度が十分に高ければ，同一の量子状態を占めようとする粒子の個数が大きくなるため，同様の競合が生じる．すなわち，低温あるいは高密度の場合に量子統計が重要になることがわかる．

一方，粒子の平均運動エネルギーがエネルギー準位間のエネルギー差に対して十分大きくなる高温，あるいは粒子の数が非常に少なくなる低密度の極限では，それぞれの粒子のとりうる 1 粒子の量子状態は十分に多数存在し，2 つ以上の粒子が同じ量子状態を占めようとして競合する可能性は非常に低くなる．このような状況では粒子の持つ統計性の違いは顔を出すことがなくなり，量子統計の性質は失われてしまう．このような極限は古典極限と呼ばれ，BE 統計と FD 統計はともに同一の統計に帰着する（詳しい議論は，5.6.1 項で与えられる）．そのような古典極限における統計性を修正マクスウェル–ボルツマン (Maxwell-Boltzmann) 統計と呼ぶ．

修正マクスウェル–ボルツマン統計

高温あるいは低密度の極限では，以下の性質を持つ古典的な統計性が成立する．

- 同種粒子は見分けがつかない．
- 各粒子は互いに独立に 1 粒子の量子状態を占めると近似できる（これは，各粒子が占めることのできる量子状態が非常に多数存在するためである）．

これらの性質のうち，「同種粒子が見分けられない」とう性質は，量子力学が発見された後に加えられた修正であり，それ以前の統計力学では考慮されていなかった性質である．このような粒子が見分けられない効果を加味した古典統計を，修正マクスウェル–ボルツマン統計と呼ぶ．この修正は，統計力学におけるエントロピーの定義と熱力学におけるエントロピーの定義が互いに矛盾しないようにするために必要である (3.6.5 項のギブスのパラドックスを参照)．

3.4 エントロピーの微視的な定義と統計集団

本節では，熱力学で導入されたエントロピーの概念を，統計力学の枠組みの中で微視的に再構築することを試みる．

3.4.1 エントロピーの微視的定義

エントロピーは，熱力学において非可逆過程を記述するために導入された概念である．3.2 節で議論したように，熱力学では巨視的な系の非可逆過程はエントロピーの増大則（熱力学第 2 法則）として定式化されるが，統計力学の立脚する微視的な描像においては系の微視的状態がより実現確率の高い状態に移行する過程であると捉えることができる．

ある巨視的な熱力学的状態に対応する微視的状態の数を W とする．このとき，エントロピーに対して以下のような仮定をおいてみよう．

3.4 エントロピーの微視的な定義と統計集団

統計力学エントロピーに対する必要条件

統計力学的に定義されたエントロピーが満たさねばならない条件として，以下の3条件を課す．

- 統計力学エントロピーは，対応する微視的状態の数 $\mathcal{W}$ の関数である．
- 統計力学エントロピーは，熱力学的エントロピーと同様に相加性を持たねばならない（2.4.3 項を参照）．
- 巨視的な平衡状態は，対応する微視的状態の数 $\mathcal{W}$ が最大値 $\mathcal{W}_{\max}$ をとる状態に対応している．したがって，

$$S_{\text{熱力学}} = S(\mathcal{W}_{\max})$$

である．（これは，各微視的状態の出現確率が同一であることを暗に仮定していることになる．）

これらの条件を満たす統計力学エントロピー $S(\mathcal{W})$ の具体的な関数形を求めてみよう．図 3.9 に示すように，同じ状態にある 2 つの部分系 A と B を接合させる．接合後に部分系 A と B の間に相互作用がなければこれらの部分系は互いに独立となり，接合系 A+B の微視的状態の数 $\mathcal{W}_{A+B}$ はそれぞれの部分系の微視的状態の数 $\mathcal{W}_A$ と $\mathcal{W}_B$ の積になる．一方でエントロピーの相加性は，接合系 A+B のエントロピー S_{A+B} が，部分系のエントロピー S_A および S_B の和になることを要請する．これより

・相加性

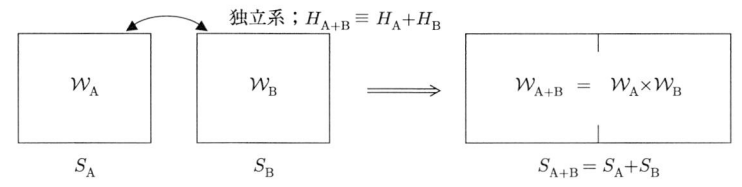

図 3.9 部分系 A と B を接合して接合系 A+B を作るときの微視的状態の数とエントロピーの関係

$$S_{\mathrm{A+B}} = S_{\mathrm{A}} + S_{\mathrm{B}}$$
$$\Downarrow$$
$$S(\mathcal{W}_{\mathrm{A+B}}) = S(\mathcal{W}_{\mathrm{A}} \times \mathcal{W}_{\mathrm{B}})$$
$$= S(\mathcal{W}_{\mathrm{A}}) + S(\mathcal{W}_{\mathrm{B}}) \tag{3.26}$$

が得られる．

(3.26) 式は，関数 $S(\mathcal{W})$ に対する関数方程式とみなせる．この方程式を解いてみよう．(3.26) 式より，任意の x と y に対して

$$S(x \times y) = S(x) + S(y) \tag{3.27}$$

が成立する．

まず (3.27) 式において $x = y = 1$ とおくと，

$$S(1) = 2S(1) \quad \to \quad S(1) = 0 \tag{3.28}$$

を得る．次に (3.27) 式を y で偏微分すると

$$xS'(xy) = S'(y) \tag{3.29}$$

となる．ただしプライム ($'$) は引数についての微分を示す．ここで $y = 1$ とおくと，

$$\begin{aligned} xS'(x) &= S'(1) \\ S'(x) &= \frac{S'(1)}{x} \\ S(x) &= S'(1) \ln x + C \end{aligned} \tag{3.30}$$

を得る．C は積分定数であるが，(3.28) 式により

$$C = 0 \tag{3.31}$$

とわかる．定数 $S'(1)$ を k_{B} と書くことにすると，最終的な表式として

$$S(\mathcal{W}) = k_{\mathrm{B}} \ln \mathcal{W} \tag{3.32}$$

が得られる．

> ## 統計力学の基本原理
>
> ある巨視的状態に対応する微視的状態の総数を $\mathcal{W}$ とするとき,
> $$S = k_\mathrm{B} \ln \mathcal{W} \tag{3.33}$$
> により統計力学エントロピーを定義する．ここに k_B はボルツマン定数と呼ばれる定数である（ボルツマン定数の物理的な意味は後ほど (3.84) 式において明らかにされる）．
>
> 平衡状態の熱力学エントロピーは，$\mathcal{W}$ の最大値 $\mathcal{W}_\mathrm{max}$ を用いて
> $$S_\text{熱力学} = k_\mathrm{B} \ln \mathcal{W}_\mathrm{max} \tag{3.34}$$
> で与えられる（この関係式の証明も後ほど与えられる）．

3.4.2 位相空間における代表点の分布とエントロピー

ここでは，エントロピーの微視的な表式である (3.33) 式に現れる微視的状態の数 $\mathcal{W}$ の計算法を示す．1.1.2 項で簡単に議論したように，平衡状態における位相空間中の代表点の分布が巨視的な状態に対応していると考えられる．これが統計集団の考え方である．「粒子数が一定」，「内部エネルギーが一定」，「温度が一定」などの系に課せられた巨視的な拘束条件の違いにより異なる統計集団が得られるが，これらは系に課せられた拘束条件の下で (3.33) 式の統計力学エントロピーを最大化した結果であるとして理解することができる．

3.3.1 項で議論したように，f 自由度の系では位相空間の体積 h^f の領域ごとに 1 個の微視的状態があり，これらは 1 個，2 個，$\cdots$ と勘定できるものである．そこで，全系の微視的状態を離散的なインデックス j で指定するものとする．すなわちインデックス j を指定することは，系のすべての粒子の位置と運動量をハイゼンベルクの不確定性関係の範囲で指定することと等価である．

ある巨視的な状態に対応する統計集団すなわち微視的状態の確率分布を考える．この確率分布において j 番目の微視的状態が出現する確率を P_j と書くことにしよう．このとき巨視的状態に対応する微視的状態の数 $\mathcal{W}$ を以下のよう

に定義しよう．

微視的状態数の計算法

P_j : 全系の j 番目の微視的状態に系を見出す確率．
$\mathcal{W}$: 位相空間に確率 $\{P_j\} \equiv \{P_1, P_2, \cdots\}$ に従って
代表点を配るときの配り方の総数．

　位相空間に G 個 $(G \gg 1)$ の代表点を確率分布 $\{P_j\}$ に従って配ることを考えよう．この場合，j 番目の微視的状態に配られる代表点の数を G_j とすると，

$$P_j = \frac{G_j}{G} \quad \text{かつ} \quad \sum_j G_j = G \tag{3.35}$$

が成立する．このとき，位相空間に G 個の代表点を配る配り方の総数は，

$$\mathcal{W} = \frac{G!}{G_1! G_2! \cdots} \tag{3.36}$$

となる．これを (3.33) 式に代入すれば

$$S = \frac{1}{G} k_\mathrm{B} \ln \frac{G!}{G_1! G_2! \cdots} \tag{3.37}$$

となる．右辺を G で割ったのは，(3.36) 式で定義される $\mathcal{W}$ が G 個の系からなる集団に対して定義された量であるため，これを 1 個の系当たりの量にするためである．スターリングの公式 (3.17) 式および (3.35) 式を用いて変形すると，

$$\begin{aligned}
S &= \frac{k_\mathrm{B}}{G} \left[\ln G! - \sum_j G_j! \right] \\
&\sim \frac{k_\mathrm{B}}{G} \left[(G \ln G - G) - \sum_j (G_j \ln G_j - G_j) \right] \\
&= \frac{k_\mathrm{B}}{G} \left[\sum_j G_j \ln G - \sum_j G_j \ln G_j \right] \\
&= -k_\mathrm{B} \sum_j \frac{G_j}{G} \ln \frac{G_j}{G}
\end{aligned}$$

$$= -k_{\mathrm{B}} \sum_j P_j \ln P_j \tag{3.38}$$

となる.2 行目から 3 行目に移るときに,$G = \sum_j G_j$ を用いた.この結果より,以下の統計力学エントロピーの表式が得られる.

統計力学エントロピーの表式

統計力学エントロピーは,位相空間の j 番目の微視的状態の出現確率 P_j を用いて

$$S = -k_{\mathrm{B}} \sum_j P_j \ln P_j \tag{3.39}$$

と表される.このエントロピーの表現は,情報理論の分野でシャノン (Shannon) の情報エントロピーと呼ばれるものと同じものである.

3.4.3 各種の熱力学的拘束条件と統計集団

3.4.1 および 3.4.2 項および (3.39) 式により,平衡統計集団は与えられた拘束条件の下で (3.39) 式の統計力学エントロピーを最大にする分布であることがわかる.

熱力学的拘束条件と平衡統計集団

平衡状態における位相空間の　　　系に課せられた拘束条件の下で
代表点の分布(平衡統計集団) ⇔　$S = -k_{\mathrm{B}} \sum_j P_j \ln P_j$
$\{P_j\}$　　　　　　　　　　　　　を最大にする分布

$$\tag{3.40}$$

以下に,代表的な拘束条件とそれに対する平衡統計集団を示す.

a. ミクロカノニカル集団(小正準集団)

断熱壁で囲まれた体積が一定の系を考えると,粒子数 N,体積 V および内

部エネルギー E が一定の孤立系になる．この系に課せられた拘束条件は以下のようになる．

$$
\boxed{\begin{array}{c}
\textbf{ミクロカノニカル集団} \\[6pt]
N,\ V,\ E\ \text{一定の孤立系} \\
\Updownarrow \\
\begin{cases} \sum_j P_j = 1 \quad \text{(確率の規格化条件)} \\ \text{分布 } \{P_j\} \text{ は } H = E \text{ の等エネルギー面上の状態に限定} \end{cases}
\end{array}} \quad (3.41)
$$

b. カノニカル集団（正準集団）

系を断熱壁で囲って内部エネルギーを一定にする代わりに温度 T の熱浴と接しさせて平衡にした系を考える．このような系は閉じた系と呼ばれ，粒子数 N，体積 V および温度 T が一定の系である．この系は熱浴との間でエネルギーのやり取りをするため，系の内部エネルギー E は微視的状態 j ごとに異なる値 E_j をとるが，その平均値 $\langle E \rangle$ は熱浴の温度 T で決まる一定の値に固定される．この系の拘束条件は以下のようになる．

$$
\boxed{\begin{array}{c}
\textbf{カノニカル集団} \\[6pt]
N,\ V,\ T\ \text{一定の閉じた系} \\
\Updownarrow \\
\begin{cases} \sum_j P_j = 1 \quad \text{(確率の規格化条件)} \\ \sum_j E_j P_j = \langle E \rangle \quad \text{(平均内部エネルギー)} \end{cases}
\end{array}} \quad (3.42)
$$

c. グランドカノニカル集団（大正準集団）

熱浴と接触させた上で，今度は化学ポテンシャル μ が一定に保たれた粒子溜めと接触させると，粒子数 N も変動することになる．このように体積 V，温度 T および化学ポテンシャル μ が一定の系は開いた系と呼ばれる．温度一定

の条件のときと同じように，粒子数 N は微視的状態 j ごとに異なる値 N_j をとるが，その平均値 $\langle N \rangle$ は粒子溜めの化学ポテンシャル μ で決まる一定の値に固定される．この系の拘束条件は以下のようになる[*6]．

グランドカノニカル集団

μ, V, T 一定の閉じた系

$\Updownarrow$

$$\begin{cases} \sum_j P_j = 1 & （確率の規格化条件） \\ \sum_j E_j P_j = \langle E \rangle & （平均内部エネルギー） \\ \sum_j N_j P_j = \langle N \rangle & （平均粒子数） \end{cases} \quad (3.43)$$

3.4.4　ラグランジュ (Lagrange) の未定定数を用いた拘束条件の扱い方

平衡分布 $\{P_j\}$ を求めるためには，3.4.3 項で議論したような拘束条件の下で (3.39) 式の統計力学エントロピーを最大化しなくてはならない．このような拘束条件がついた最大化においては，拘束条件のために変数が互いに独立にならないという問題が生じる．

たとえば，2 変数関数 $f(x, y)$ を最大化する問題を考える．もし，変数 x と y の間に何の関係もなく，互いに独立な変数の場合には，$f(x, y)$ の最大化は

$$\begin{cases} \frac{\partial}{\partial x} f(x, y) = 0 \\ \frac{\partial}{\partial y} f(x, y) = 0 \end{cases} \quad (3.44)$$

という連立方程式を解くことで求められる．ところが，x と y の間に $g(x, y) = 0$ という関係式が存在しているという拘束条件がある場合には変数 x と y は独立変数ではないので，(3.44) 式のような独立の偏微分は行えない．このように変数の間に関数関係があって独立ではない場合には，ラグランジュの未定定数法が有効である．ラグランジュの未定定数法では，拘束条件 $g(x, y) = 0$ によっ

[*6]　グランドカノニカル集団の場合には粒子数も変動するため，インデックス j で指定される位相空間は，$(N, \{q_\mu\}, \{p_\mu\})$ のように粒子数 N も含んだ空間になる．

て変数の自由度が 1 個減った分を補うために，新たな変数 λ を導入して

$$f(x,y) + \lambda g(x,y) \tag{3.45}$$

という関数を考え，x と y を独立変数とみなして最大化する．(3.45) 式の最大値を与える x および y の値は，$x = x(\lambda)$ および $y = y(\lambda)$ のように λ の関数として表されることになる．このようにして求められた $x(\lambda)$ と $y(\lambda)$ が，拘束条件 $g(x,y) = 0$ を満たすように λ の値を決めることで，拘束条件の下での最大化が達成される．この方法で導入された定数 λ は，ラグランジュの未定定数と呼ばれる．

ラグランジュの未定定数法が拘束条件の下での停留値（極大あるいは極小）を与えることは，以下のようにして証明することができる．

[証明] ここでは一番簡単な 2 変数関数の極値問題の場合についてのみ議論する．拘束条件

$$g(x,y) = 0 \tag{3.46}$$

の下で関数 $f(x,y)$ の極値を求める問題を考えよう．

拘束条件 $g(x,y) = 0$ は 2 つの変数 x と y の間に関数関係を与えるので，1 つの媒介変数 λ を用いて

$$\begin{cases} x = x(\lambda) \\ y = y(\lambda) \end{cases} \tag{3.47}$$

のような媒介変数表示ができる．この媒介変数表示を $f(x,y)$ に代入すると，$f(x(\lambda),y(\lambda))$ のように極値を求めるべき関数は媒介変数 λ の 1 変数関数として表される．したがって拘束条件の下での極値は

$$\frac{d\,f(x(\lambda),y(\lambda))}{d\lambda} = 0 \tag{3.48}$$

で与えられる．この式の左辺の λ 微分を実行すると

$$\frac{\partial f}{\partial x}\frac{dx}{d\lambda} + \frac{\partial f}{\partial y}\frac{dy}{d\lambda} = 0 \tag{3.49}$$

となる．したがって

3.4 エントロピーの微視的な定義と統計集団

$$\frac{\left(\dfrac{\partial f}{\partial x}\right)}{\left(\dfrac{\partial f}{\partial y}\right)} = -\frac{\left(\dfrac{dy(\lambda)}{d\lambda}\right)}{\left(\dfrac{dx(\lambda)}{d\lambda}\right)} \tag{3.50}$$

を得る．

ここで拘束条件式より

$$g\left(x(\lambda), y(\lambda)\right) = 0 \tag{3.51}$$

の関係が成り立つので，両辺を λ で微分することにより

$$\frac{dg\left(x(\lambda), y(\lambda)\right)}{d\lambda} = \frac{\partial g(x,y)}{\partial x}\frac{dx}{d\lambda} + \frac{\partial g(x,y)}{\partial y}\frac{dy}{d\lambda} = 0 \tag{3.52}$$

が得られる．この式から

$$\frac{\left(\dfrac{dy(\lambda)}{d\lambda}\right)}{\left(\dfrac{dx(\lambda)}{d\lambda}\right)} = -\frac{\left(\dfrac{\partial g}{\partial x}\right)}{\left(\dfrac{\partial g}{\partial y}\right)} \tag{3.53}$$

となる．(3.53) 式を (3.50) 式に代入すると，

$$\frac{\left(\dfrac{\partial f}{\partial x}\right)}{\left(\dfrac{\partial f}{\partial y}\right)} = \frac{\left(\dfrac{\partial g}{\partial x}\right)}{\left(\dfrac{\partial g}{\partial y}\right)} \tag{3.54}$$

となる．この式を変形すると

$$\left(\frac{\partial f}{\partial x}\right)\left(\frac{\partial g}{\partial y}\right) - \left(\frac{\partial f}{\partial y}\right)\left(\frac{\partial g}{\partial x}\right) = 0 \tag{3.55}$$

を得る．

このようにして導出された (3.55) 式が，通常のラグランジュの未定定数法で計算している方程式と同じものであることを示そう．ラグランジュの未定定数法では

$$G(x, y, \lambda) = f(x, y) + \lambda g(x, y) \tag{3.56}$$

という関数を導入し，λ を定数とみなして x, y のそれぞれについて独立に停留条件

$$\frac{\partial f(x,y)}{\partial x} + \lambda \frac{\partial g(x,y)}{\partial x} = 0$$
$$\frac{\partial f(x,y)}{\partial y} + \lambda \frac{\partial g(x,y)}{\partial y} = 0 \tag{3.57}$$

を課す.これら2つの条件式から未定定数 λ を消去して得られる式は (3.55) と同一になる.したがって,ラグランジュの未定定数法で計算している内容は,拘束条件下での極値を求める問題に等価であることが示された.

〔証明終了〕

ここで説明したラグランジュの未定定数法を前項の拘束条件を課した統計力学エントロピーに適用すると以下のようになる.

統計力学エントロピーの最大化

$$\max_{\{P_j\}} S(\{P_j\}) \quad + \quad L\text{ 個の拘束条件} \quad \begin{cases} g_1(\{P_j\}) = 0 \\ \cdots \\ g_L(\{P_j\}) = 0 \end{cases}$$

$$\Updownarrow$$

$$\max_{\{P_j\}} \left[S(\{P_j\}) + \sum_{l=1}^{L} \lambda_l g_l(\{P_j\}) \right]$$

$$\Updownarrow$$

$$\frac{\partial}{\partial P_j}\left[S + \sum_{l} \lambda_l g_l \right] = 0 \quad (\text{任意の } j \text{ について}) \tag{3.58}$$

次節以降では,3.4.3 項において与えた種々の拘束条件の下での具体的なエントロピーの最大化を行い,統計集団を導出する.

3.5 ミクロカノニカル集団

本節では,種々の統計集団のうちでもっとも拘束条件の少ないミクロカノニカル集団を定式化し,その使用法を解説する.

3.5.1 確 率 分 布

(3.41) 式および (3.58) 式を用いれば，ミクロカノニカル集団における位相空間中の代表点の分布 $\{P_j\}$ は以下のように求められる．まず，規格化条件に対するラグランジュの未定定数 α を導入して，

$$\max_{\{P_j\}} \left[-k_B \sum_k P_k \ln P_k + \alpha \left(\sum_k P_k - 1 \right) \right] \tag{3.59}$$

という最大化問題を解く．ラグランジュの未定定数を導入したために各 P_j は独立変数とみなしてもよいので，最大化の条件は

$$\frac{\partial}{\partial P_j} \left[-k_B \sum_k P_k \ln P_k + \alpha \left(\sum_k P_k - 1 \right) \right] = 0 \tag{3.60}$$

という関係式を各 P_j について解けばよい．上式を解くと

$$P_j = \exp\left[\frac{\alpha}{k_B} - 1 \right] \tag{3.61}$$

という結果が得られる．(3.61) 式の右辺は j に依存していないので，「ミクロカノニカル集団では等エネルギー面上の可能な微視的状態はすべて同じ確率で実現する」という結果になる．ミクロカノニカル集団のこのような性質は，等重率の原理と呼ばれる．等エネルギー面上にある微視的状態の総数を W と書けば，

$$P_j = \frac{1}{W} \tag{3.62}$$

となる．この結果を (3.39) 式に代入すると，

$$\begin{aligned} S &= -k_B \sum_j P_j \ln P_j \\ &= -k_B \sum_j \frac{1}{W} \ln \frac{1}{W} \\ &= k_B \ln W \end{aligned} \tag{3.63}$$

を得る．この関係式はボルツマンの原理と呼ばれる．また，微視的状態数 W は，ミクロカノニカル集団の状態和と呼ばれることもある．

> **ミクロカノニカル集団と等重率の原理**
>
> N, V, E が固定されたミクロカノニカル集団は，以下の性質を持つ．
> $$\begin{aligned} \text{等重率の原理：} \quad & P_j = \frac{1}{W} \\ \text{ボルツマンの原理：} \quad & S = k_\text{B} \ln W \end{aligned} \qquad (3.64)$$

この結果より，ミクロカノニカル集団を用いて計算を行うときの手順は以下のようになる．

1) 微視的状態数 W を求める．
2) $S = k_\text{B} \ln W$ により N, V, E を自然な変数とする熱力学的ポテンシャルである S を求める．
3) 偏微分を用いて他の熱力学量を計算する．

3.5.2 ミクロカノニカル集団の簡単な適用例 1 ―古典理想気体―

ミクロカノニカル集団の手法を用いた計算の例として，古典理想気体の状態方程式を導出してみよう．互いに相互作用しない N 個の同種の粒子（古典単原子気体）が，体積の変化しない断熱壁でできた容器に入れられているとする．

a. 微視的状態数の計算

この系のハミルトニアンは，
$$H = \sum_{i=1}^{N} \frac{1}{2m} \left(p_{ix}^2 + p_{iy}^2 + p_{iz}^2 \right) = \frac{1}{2m} \sum_{\mu=1}^{3N} p_\mu^2 \qquad (3.65)$$

で与えられる．この系は N, V, E が固定された孤立系であるから，ミクロカノニカル集団の方法を用いることになる．この統計集団では，位相空間 Γ 中で方程式 $H(\Gamma) = E$ で定義される等エネルギー面の上にある微視的状態の総数 W を計算する必要がある．ここで，等エネルギー面は $6N$ 次元の位相空間中の $6N-1$ 次元の超曲面であり，1 個の微視的状態の体積の次元（$6N$ 次元）よりも次元が 1 だけ低い．したがって，等エネルギー面上の微視的状態数を定義する場合には，等エネルギー面の周りの微小な厚みを持った薄皮状の領域を考え，この領域内の微視的状態の数を計算する必要がある．図 3.10 に示すよう

3.5 ミクロカノニカル集団

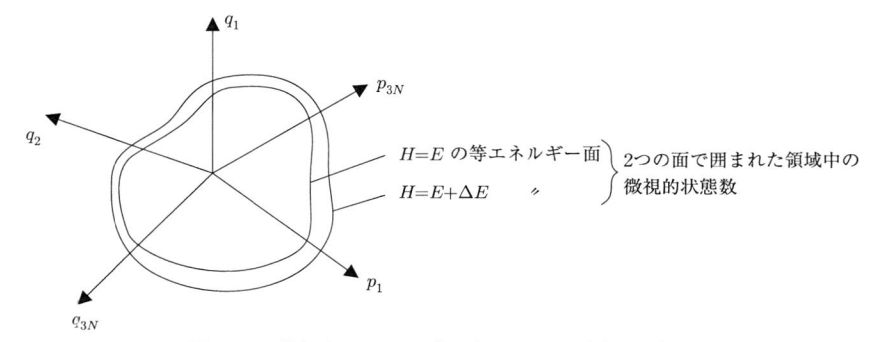

図 3.10 位相空間における等エネルギー面と微視的状態数

に，$H(\Gamma) = E$ の等エネルギー面と $H(\Gamma) = E + \Delta E$ の等エネルギー面で囲まれた領域を考えよう．このとき，$H(\Gamma) = E$ の等エネルギー面が囲む領域内に存在する微視的状態の数を $\Omega_0(E)$ と書くことにする．この $\Omega_0(E)$ を用いれば，2つの等エネルギー面で囲まれた領域内の微視的状態数 W は，

$$\begin{aligned} W &= \Omega_0(E + \Delta E) - \Omega_0(E) \\ &\sim \frac{d\Omega_0(E)}{dE} \Delta E \\ &\equiv g(E) \Delta E \end{aligned} \quad (3.66)$$

と書くことができる．ただし，$g(E)$ は

$$g(E) \equiv \frac{d\Omega_0(E)}{dE} \quad (3.67)$$

で定義される量で，状態密度と呼ばれる．

等エネルギー面の囲む領域内の微視的状態の数 Ω_0 を求めるには，等エネルギー面が囲む領域の体積を1つの微視的状態当たりの体積 h^{3N} で割ればよい．このときに，3.3.2 項で議論した同種粒子が見分けられないという効果の結果として，図 3.10 に示された位相空間において粒子のインデックスの入れ替えを行っても結果にはなんらの変化も与えないことに注意する必要がある．N 個の同種粒子系では，そのようなインデックスの付け替えによって互いに同一とみなされる微視的状態が $N!$ 個あることになる．したがって，図 3.10 の2つの等エネルギー面で囲まれた領域内の微視的状態のうち，その $1/N!$ だけが本来の独立な微視的状態となる（修正マクスウェル–ボルツマン統計の補正）．これら

の議論より

$$\Omega_0(E) = \frac{1}{N!} \frac{H(\Gamma) = E \text{ の等エネルギー面の内部の領域の体積}}{h^{3N}} \tag{3.68}$$

となる.

(3.65) 式のハミルトニアンの場合, $H(\Gamma) = E$ の等エネルギー面の方程式は,

$$\sum_{\mu=1}^{3N} p_\mu^2 = 2mE \tag{3.69}$$

となるので,

$$\begin{aligned}
\Omega_0(E) &= \frac{1}{h^{3N}} \frac{1}{N!} \int dq_1 \cdots \int dq_{3N} \int dp_1 \cdots \int dp_{3N} \ 1 \\
&\quad (\text{積分は } H \leq E \text{ の領域で行う}) \\
&= \frac{V^N}{h^{3N} N!} \int dp_1 \cdots \int dp_{3N} \ 1 \\
&\quad (\text{積分は } \sum_\mu p_\mu^2 \leq 2mE \text{ の領域で行う})
\end{aligned} \tag{3.70}$$

となる. 位置座標の計算の際に, 系の体積が V であることから N 個の粒子の位置座標に関する積分が V^N となることを用いた. 運動量の積分の際には, 以下の半径 r の n 次元球の体積の公式を用いることができる.

半径 r の n 次元球の体積の公式

n 次元空間中の半径 r の球の体積は $C_n r^n$ と表される. ここで係数 C_n は

$$C_n = \frac{\pi^{n/2}}{\Gamma\left(\frac{n}{2}+1\right)} = \frac{\pi^{n/2}}{\frac{n}{2}\Gamma\left(\frac{n}{2}\right)} \tag{3.71}$$

で与えられる. ただし $\Gamma(x)$ はガンマ関数である (証明は省略する).

(3.71) 式の公式を (3.70) 式に適用すると,

$$\Omega_0(E) = \frac{V^N}{h^{3N} N!} \frac{\pi^{3N/2}}{\Gamma\left(\frac{3N}{2}+1\right)} (2mE)^{3N/2}$$

$$= \frac{V^N}{h^{3N} N! \left(\frac{3N}{2}\right)!} (2\pi m E)^{3N/2}$$

$$\sim e^{5N/2} \left(\frac{V}{N}\right)^N \left(\frac{4\pi m E}{3h^2 N}\right)^{3N/2} \tag{3.72}$$

となる. 1 行目から 2 行目に移るときに $\Gamma(n+1) = n!$ という関係式を用い, 2 行目から 3 行目に移る際にはスターリングの公式 (3.17) 式を用いた.

(3.72) 式を (3.67) 式に代入すると,

$$g(E) = \frac{d}{dE} \Omega_0(E) = \frac{3N}{2} \frac{\Omega_0(E)}{E} \tag{3.73}$$

となる. ここで (3.72) 式により $\Omega_0(E) \propto E^{3N/2}$ であることを用いた. したがって (3.66) 式より, 次式を得る.

$$W = \frac{3N}{2} \Omega_0(E) \frac{\Delta E}{E} \tag{3.74}$$

b. エントロピーの計算

(3.74) 式の結果をボルツマンの原理 (3.64) 式に代入すると,

$$\begin{aligned} S &= k_\mathrm{B} \ln W \\ &= k_\mathrm{B} \left[\ln \frac{3N}{2} + \ln \Omega_0(E) + \ln \frac{\Delta E}{E} \right] \end{aligned} \tag{3.75}$$

となる. 系の密度 (N/V) を一定に保ちながら $V, N \to \infty$ とする熱力学極限においては, (3.75) 式右辺の各項は

$$\begin{cases} \ln \frac{3N}{2} \sim \mathcal{O}(\ln N) \\ \ln \Omega_0(E) = \frac{5N}{2} + N \ln \frac{V}{N} + \frac{3N}{2} \ln \left(\frac{4\pi m}{3h^2} \frac{E}{N}\right) \sim \mathcal{O}(N) \\ \ln \frac{\Delta E}{E} \sim \ln \Delta E - \ln E \sim \mathcal{O}(\ln N) \end{cases} \tag{3.76}$$

のような N 依存性を示すことがわかる. ここで, $\mathcal{O}(N)$ および $\mathcal{O}(\ln N)$ の記号は, N が十分大きいときに N の増加にともなって N および $\ln N$ に比例して増大する項を示している. また, (3.76) 式の 2 行目の変形には (3.72) 式を用い, N, V が大きくなる極限において V/N や E/N は一定であることを用いた. また 3 行目の計算において, ΔE は観測時間から決まるエネルギーのゆらぎの大きさに相当しており, 系のサイズによらない定数であることを用いた.

(3.76) 式を (3.75) 式に代入すると，$N \to \infty$ の極限では $\mathcal{O}(N)$ の項が支配的になるので，

$$S \sim k_{\rm B} \ln \Omega_0(E) \tag{3.77}$$

を得る．この式に (3.72) 式を代入すると，この系の熱力学ポテンシャルであるエントロピーの表式が次のように求まる．

$$S = \frac{5}{2} N k_{\rm B} + N k_{\rm B} \ln \left[\frac{V}{N} \left(\frac{4\pi m E}{3h^2 N} \right)^{3/2} \right] \tag{3.78}$$

c. 他の熱力学量の計算

エントロピーの微分形式での表現は

$$dS = \frac{dE}{T} + \frac{P}{T} dV - \frac{\mu}{T} dN \tag{3.79}$$

であるから，

$$\left(\frac{\partial S}{\partial E} \right)_{V,N} = \frac{1}{T} \qquad \left(\frac{\partial S}{\partial V} \right)_{E,N} = \frac{P}{T} \tag{3.80}$$

となる．これ以外のもう 1 つの式 ($-\mu/T$ の式) は，(2.17) 式のギブス–デュエムの関係式を用いて上記 2 つの関係式から導出できるため独立ではない．

(3.78) 式を (3.80) 式の第 2 式に代入すると

$$\frac{P}{T} = N k_{\rm B} \frac{\partial}{\partial V} [\ln V + (V\text{に依存しない項})]_{E,N} = \frac{N k_{\rm B}}{V} \tag{3.81}$$

となるため，次の理想気体の状態方程式

$$PV = N k_{\rm B} T \tag{3.82}$$

を得る．このようにして得られた状態方程式を，n モルの理想気体の熱力学的な状態方程式

$$PV = nRT \tag{3.83}$$

と比較することで，

$$k_{\rm B} = \frac{R}{\mathcal{N}_{\rm A}} \tag{3.84}$$

であることがわかる．ここで，$\mathcal{N}_{\rm A}$ はアボガドロ (Avogadro) 数である．(3.84) 式

は，ボルツマン定数 k_B が粒子 1 個当たりの気体定数に相当していることを示しており，

$$k_B = 1.38 \times 10^{-23} \quad [\mathrm{J/K}] \tag{3.85}$$

となる．

一方，(3.78) 式を (3.80) 式の第 1 式に代入すると，

$$E = \frac{3}{2} N k_B T \tag{3.86}$$

という単原子理想気体の状態方程式（エネルギー式）が得られる．この式は，理想気体を用いた温度計で計測される温度が，粒子の運動エネルギーに比例していることを示している．(3.86) 式を (3.78) 式に代入すれば，エントロピーの別の表現として，

$$S = \frac{5}{2} N k_B + N k_B \ln \left[\frac{V}{N} \left(\frac{2\pi m k_B T}{h^2} \right)^{3/2} \right] \tag{3.87}$$

という表式を得る．

3.5.3 ミクロカノニカル集団の簡単な適用例 2 —2 準位系—

ミクロカノニカル集団のもう 1 つの応用例として 2 準位系を考えてみる．

N 個の同一の粒子からなる結晶を考え，各粒子は結晶の格子点に固定されているものとする．このような系では各粒子は格子点に局在しているため互いに区別ができる．各粒子は $-\epsilon_0$ と $+\epsilon_0$ の 2 つのエネルギーの状態（1 粒子微視状態）を互いに独立にとることができるとする．たとえば常磁性体に外部から磁場を掛けると，いわゆるゼーマン効果により電子の持つスピンが外部磁場と平行か反平行かによって 2 つの異なるエネルギーをとる．このように 2 つの 1 粒子エネルギー準位を持つ系は 2 準位系と呼ばれる．

系は孤立系だと仮定して，ミクロカノニカル集団による 2 準位系の解析を行ってみる．エネルギーが $-\epsilon_0$ と $+\epsilon_0$ のそれぞれの状態にある粒子の個数を N_- 個と N_+ 個とする．ただし，

$$N_- + N_+ = N \tag{3.88}$$

という関係が成立する．この状態の全エネルギーは

$$E = (-\epsilon_0)N_- + (+\epsilon_0)N_+ = (N_+ - N_-)\epsilon_0 \equiv M\epsilon_0 \tag{3.89}$$

となる．ここで $M \equiv N_+ - N_-$ と定義した．(3.88) 式および (3.89) 式より

$$\begin{aligned} N_- &= \frac{1}{2}(N - M) \\ N_+ &= \frac{1}{2}(N + M) \end{aligned} \tag{3.90}$$

を得る．全エネルギーが $E = M\epsilon_0$ となるような微視的状態の数を $W(E)$ とすると，これは互いに区別のできる N 個の粒子を (N_-, N_+) の組に分ける分け方の総数なので，

$$W(E) = \frac{N!}{N_-! N_+!} \tag{3.91}$$

となる．ここでボルツマンの原理 (3.64) 式を用いると

$$\begin{aligned} S(E) &= k_\mathrm{B} \ln W(E) \\ &= k_\mathrm{B}\left[(N \ln N - N) - (N_- \ln N_- - N_-) - (N_+ \ln N_+ - N_+)\right] \\ &= k_\mathrm{B}\left[N \ln N - N_- \ln N_- - N_+ \ln N_+\right] \end{aligned} \tag{3.92}$$

となる．ただし (3.88) 式の拘束条件およびスターリングの公式 (3.17) 式を用いた．

熱力学的関係式

$$dE = TdS - PdV + \mu dN \tag{3.93}$$

より

$$\begin{aligned} \frac{1}{T} &= \left(\frac{\partial S}{\partial E}\right)_{V,N} \\ &= \frac{1}{\epsilon_0}\left(\frac{\partial S}{\partial M}\right)_{V,N} \\ &= \frac{k_\mathrm{B}}{\epsilon_0}\left[-\frac{dN_-}{dM}(\ln N_- + 1) - \frac{dN_+}{dM}(\ln N_+ + 1)\right] \\ &= \frac{k_\mathrm{B}}{\epsilon_0}\left[\frac{1}{2}(\ln N_- + 1) - \frac{1}{2}(\ln N_+ + 1)\right] \\ &= \frac{k_\mathrm{B}}{2\epsilon_0}\ln\frac{N_-}{N_+} \end{aligned} \tag{3.94}$$

となる．第3行目から第4行目に移るときに (3.90) 式を用いた．この式を変形すると

$$\frac{N_-}{N_+} = \exp\left[\frac{2\epsilon_0}{k_B T}\right] \tag{3.95}$$

となるので，2つの準位それぞれの粒子数は

$$\begin{aligned}\frac{N_-}{N} &= \frac{\exp\left(+\dfrac{\epsilon_0}{k_B T}\right)}{\exp\left(-\dfrac{\epsilon_0}{k_B T}\right) + \exp\left(+\dfrac{\epsilon_0}{k_B T}\right)} \\ \frac{N_+}{N} &= \frac{\exp\left(-\dfrac{\epsilon_0}{k_B T}\right)}{\exp\left(-\dfrac{\epsilon_0}{k_B T}\right) + \exp\left(+\dfrac{\epsilon_0}{k_B T}\right)}\end{aligned} \tag{3.96}$$

となる．この結果を (3.89) 式に代入すると

$$E = -N\epsilon_0 \tanh \frac{\epsilon_0}{k_B T} \tag{3.97}$$

となる．このようにして得られた内部エネルギーの式を温度で微分すれば

$$C_V = N k_B \left(\frac{\epsilon_0}{k_B T}\right)^2 \bigg/ \cosh^2 \frac{\epsilon_0}{k_B T} \tag{3.98}$$

となる．図 3.11 にこの 2 準位系の比熱の振る舞いを示す．比熱は $k_B T/\epsilon_0$ の近傍にピークを持つ特徴的な振る舞いを示す．このようなピークの存在は，この系がある特徴的な温度のときだけ効率よく熱を吸収することを示している．吸

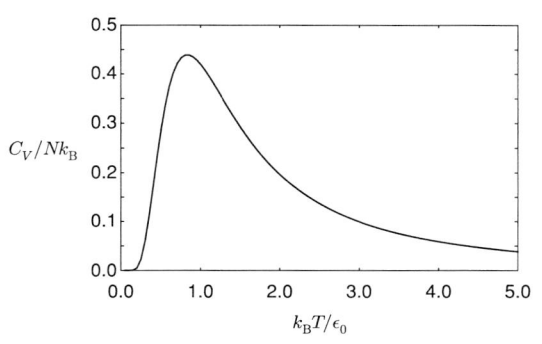

図 **3.11** 2 準位系の比熱の温度依存性

収された熱は粒子を基底状態 ($-\epsilon_0$) から励起状態 ($+\epsilon_0$) に励起するために使われるので，励起に必要なエネルギー $2\epsilon_0$ と熱エネルギーとがつりあった温度で熱の吸収が起こることになる．図 3.11 のような比熱の振る舞いをショットキー (Schottky) 比熱と呼ぶ．

3.6　カノニカル集団

本節では，カノニカル集団の定式化と実際の適用例について学ぶ．

3.6.1　確　率　分　布
a.　ラグランジュの未定定数の導入と最大化
(3.42) 式および (3.58) 式を用いれば，カノニカル集団における位相空間中の代表点の分布 $\{P_j\}$ を求める問題は，規格化条件に対するラグランジュの未定定数 $\tilde{\alpha}$ および，平均エネルギーに対するラグランジュ未定定数 $\tilde{\beta}$ を用いて，

$$\max_{\{P_J\}} \left[-k_\mathrm{B} \sum_j P_j \ln P_j + \tilde{\alpha}\left(\sum_k P_k - 1\right) + \tilde{\beta}\left(\sum_k E_k P_k - \langle E \rangle\right)\right] \tag{3.99}$$

なる最大化問題に帰着される．ここで未定定数にチルダ (˜) をつけたのは，後でチルダのない変数を再定義するためである．拘束条件が 2 個あるため，もともとの $\{P_j\}$ のうち 2 個は独立ではないが，ラグランジュの未定定数を 2 個追加したことで各 P_j を独立変数として扱うことができ，$\partial/\partial P_j$ [(3.99) 式の最大化関数] $= 0$ という式を各微視的状態 j ごとに解けばよい．この偏微分を実行すると，

$$-k_\mathrm{B}(\ln P_j + 1) + \tilde{\alpha} + \tilde{\beta} E_j = 0$$
$$\ln P_j = -1 + \frac{\tilde{\alpha}}{k_\mathrm{B}} + \frac{\tilde{\beta}}{k_\mathrm{B}} E_j \tag{3.100}$$

となる．ここで，

$$\alpha \equiv -1 + \frac{\tilde{\alpha}}{k_\mathrm{B}}$$
$$\beta \equiv -\frac{\tilde{\beta}}{k_\mathrm{B}} \tag{3.101}$$

とおくと，(3.100) 式は

$$P_j = \exp[\alpha - \beta E_j] \tag{3.102}$$

と書き換えられる．

b. ラグランジュの未定定数の決定

(3.102) 式を規格化の拘束条件 $\sum_j P_j = 1$ に適用すると，

$$1 = \sum_j P_j = e^\alpha \sum_j e^{-\beta E_j} \tag{3.103}$$

という条件が得られるので，

$$e^\alpha = \frac{1}{\sum_j e^{-\beta E_j}} \equiv \frac{1}{Z} \tag{3.104}$$

とおくことにより，

$$\begin{cases} P_j = \dfrac{1}{Z} e^{-\beta E_j} \\ Z = \sum_j e^{-\beta E_j} \end{cases} \tag{3.105}$$

となる．ここで P_j に現れた $e^{-\beta E_j}$ の因子はボルツマン因子と呼ばれ，カノニカル集団においてはエネルギーの高い状態は指数関数的にその出現確率が小さくなることを示している（後に示すように $\beta > 0$ である）．また Z はすべての微視的状態に関してボルツマン因子を足し合わせたもので，確率分布 P_j の規格化因子の働きをしており，状態和あるいは分配関数と呼ばれる．

ラグランジュの未定定数 α が決定されたので，次に β を決定しよう．(3.105) 式をエントロピーの式 $S = -k_\mathrm{B} \sum_j P_j \ln P_j$ に代入すると，

$$\begin{aligned} S &= -k_\mathrm{B} \sum_j P_j \ln P_j \\ &= -k_\mathrm{B} \sum_j P_j [-\beta E_j - \ln Z] \\ &= k_\mathrm{B} \beta \sum_j E_j P_j + k_\mathrm{B} \ln Z \sum_j P_j \\ &= k_\mathrm{B} \beta \langle E \rangle + k_\mathrm{B} \ln Z \end{aligned} \tag{3.106}$$

となる．

カノニカル集団で固定された変数 N, V, T を自然な変数に持つ熱力学ポテ

ンシャルはヘルムホルツの自由エネルギーであるから，(3.106) 式の最後の表式は熱力学の関係式

$$S = \frac{E}{T} - \frac{F}{T} \tag{3.107}$$

と同一視されるべきものである．したがって各項の対応により

$$\begin{cases} \beta = \dfrac{1}{k_{\mathrm{B}}T} \\ F = -k_{\mathrm{B}}T \ln Z \end{cases} \tag{3.108}$$

という関係式が得られる．ここで熱力学極限において，統計力学の内部エネルギーの平均 $\langle E \rangle$ と熱力学的な内部エネルギー E が等しいことを用いた．

以上をまとめると以下のようになる．

カノニカル集団とカノニカル分布

N，V，T が固定されたカノニカル集団は，以下の性質を持つ．

$$\begin{array}{ll}
\text{ボルツマン因子：} & e^{-\beta E_j} \\
\text{カノニカル分布：} & P_j = \dfrac{1}{Z} e^{-\beta E_j} \\
\text{状態和 (分配関数)：} & Z = \sum_j e^{-\beta E_j} \\
\text{ヘルムホルツ自由エネルギー：} & F = -k_{\mathrm{B}} T \ln Z
\end{array} \tag{3.109}$$

ここで，$\beta = 1/(k_{\mathrm{B}}T)$ である．

---

c. カノニカル分布とミクロカノニカル分布の関係

(3.109) 式のカノニカル分布の状態和 Z において，微視的状態の和 $\sum_j$ は位相空間のすべての状態についての和である．この和を，系の内部エネルギーが同じ微視的状態をまとめた形で書き直すと，

$$\begin{aligned}
Z &= \sum_j e^{-\beta E_j} \\
&= \sum_E \sum_{j \in \{\substack{H=E \text{ の等エネルギー} \\ \text{面上の点}\}}} e^{-\beta E}
\end{aligned}$$

$$= \sum_E e^{-\beta E} \sum_{j \in \{{H=E \text{ の等エネルギー} \atop \text{面上の点}}\}} 1$$
$$= \sum_E W(E) e^{-\beta E} \tag{3.110}$$

となる．最後の行に移る際に，等エネルギー面 $H(\Gamma) = E$ 上の微視的状態の数が $W(E)$ であることを用いた．(3.110) 式によれば，カノニカル集団の状態和 Z は，ミクロカノニカル集団の状態和 W にボルツマン因子の重み $e^{-\beta E}$ を掛けて平均したものになっていることがわかる（規格化による定数は除く）．

さて，(3.110) 式の最後の表式は，いろいろな内部エネルギーの値を持つ状態からの寄与の和の形をしており，一見複雑に見える．しかしながら，1.1.2 項で議論した中心極限定理を用いると，粒子数 N が非常に大きな熱力学的極限においては，内部エネルギー E の分布における（標準偏差）/（平均）の値は N の増加とともに $1/\sqrt{N}$ のように小さくなることがわかる．このことは，(3.110) 式の最後の表式においては，多数の項の中で最大値を与える項からの寄与が飛びぬけて大きく，それ以外の項の寄与は無視できることを示している．そこで，(3.110) 式の最後の表式の和の中で最大になる項を与える E の値を E^* と書くことにすると，

$$\begin{aligned} Z &= \sum_E W(E) e^{-\beta E} \\ &\sim W(E^*) e^{-\beta E^*} \\ &= \exp\left[-\beta\left(E^* - k_\mathrm{B} T \ln W(E^*)\right)\right] \\ &= \exp\left[-\beta\left(E^* - TS^*\right)\right] \\ &= \exp(-\beta F^*) \end{aligned} \tag{3.111}$$

となる．ここで S^* および F^* は，最大の寄与を与える内部エネルギー E^* に対応する状態のエントロピーおよびヘルムホルツ自由エネルギーである．第 3 行から第 4 行に移る際に，ミクロカノニカル集団で定式化したボルツマンの原理 (3.64) 式を用いた．熱力学的極限においては平均値周りのゆらぎの効果は無視できるので，E^* や F^* などは熱力学的な平均値 E や F と同一視できる．したがって，(3.111) 式の最後の表式からも

$$F = -k_B T \ln Z \tag{3.112}$$

という関係式を導くことができる．このように，状態和の中の最大の寄与を与える項（熱力学的平均に相当）だけで状態和を近似し，それ以外のゆらぎの効果を無視する近似は，平均場近似あるいは鞍点近似と呼ばれる．

ここで議論した内容から，熱ゆらぎの効果が無視できる熱力学極限（N/V を一定にしながら $N, V \to \infty$ とした極限）においては，統計集団の違いは無視できることがわかる．なぜなら，統計集団の違いは (3.110) 式のように状態和における多数の異なる状態からの寄与の重みの違いに反映されているが，熱力学極限では平均値に相当する状態からの寄与が支配的で，統計集団の差に依存する平均値周りのゆらぎの効果は無視できるためである．したがって，熱力学極限を議論する場合や物理量の平均値だけを議論する場合には，どの統計集団を用いてもかまわないことになる．

熱力学極限における統計集団の違い

N/V を一定に保ちながら $N, V \to \infty$ とする熱力学極限においては，状態和における平均値からの寄与が支配的で，平均値周りの熱ゆらぎの効果は無視できる．このため，熱力学極限のように平均値にだけ着目すればよい場合には，どの統計集団の方法を採用しても得られる結果は同一である．

---

d. 参考：ミクロカノニカル分布を用いたカノニカル分布の導出

ここまでの定式化では，カノニカル分布とミクロカノニカル分布をまったく対等に扱ってきた．これら 2 つの統計集団の違いは，単に系に課せられた拘束条件が異なるというだけであった．このような定式化とは異なり，ミクロカノニカル集団を基礎として，それを用いてカノニカル集団を導出することも可能である．ここでは，参考のためにそのような定式化の方法について解説する．

図 3.12 に示すように，断熱壁で囲まれた孤立系の一部分を，熱は通すが粒子は通さない壁で仕切ることを考える．この仕切りで囲まれた部分系を系 A とし，残りの部分を系 B と呼ぶことにする．系 B は系 A に比べて十分に大きく，系 A と系 B の間でエネルギーのやり取りがあっても系 B の温度は変化しない

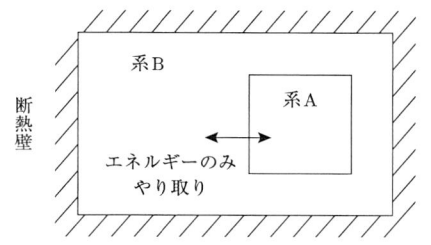

図 3.12 孤立系の中の一部分を粒子を通さない壁で仕切ると，この部分系はカノニカル集団に従う．

ものと仮定する（要するに系 B は系 A に対する熱浴である）．また，系 A と系 B の間の熱のやり取りは非常にゆっくりしたもので，系 A と系 B の間の相互作用は実質的に無視できると仮定する．

系 A と系 B の内部エネルギーを E_A と E_B と書くと，これらの内部エネルギーと系全体の内部エネルギー E との間には

$$E_A + E_B = E = \text{一定} \tag{3.113}$$

という関係が成り立つ．2つの系の間の相互作用は無視できると仮定したから，系 A と系 B は統計的に独立になる．したがって，全体系の微視的状態数 $W(E)$ は系 A および系 B の微視的状態数 $W_A(E_A)$ と $W_B(E_B)$ を用いて，

$$W(E) = \sum_{E_A + E_B = E} W_A(E_A) W_B(E_B) \tag{3.114}$$

と表される．ここで $\sum_{E_A + E_B = E}$ は，部分系 A と B の間の可能なすべてのエネルギーの分配方法に関して和をとることを意味している．

系 A と系 B をあわせた全体系は孤立系なので，ミクロカノニカル集団の等重率の原理（(3.64) 式）により，全体系のすべての微視的状態は同じ出現確率を持つ．そうすると，系 A の内部エネルギーが E_A という値になる確率 $P(E_A)$ は (3.114) 式により

$$P(E_A) = \frac{W_A(E_A) W_B(E - E_A)}{W(E)} \tag{3.115}$$

と表される．

系 A と系 B をあわせた全体系の内部状態は，系 A の内部エネルギー E_A を

用いて指定される．平衡状態においては，この変数 E_A のもっとも高い出現確率を与える状態が実現されることになる．したがって，

$$
\begin{aligned}
0 &= \frac{\partial}{\partial E_A} \ln P(E_A) \\
&= \frac{\partial}{\partial E_A} [\ln W_A(E_A) + \ln W_B(E_B) - \ln W(E)] \quad (3.116)
\end{aligned}
$$

を計算すればよい．ただし，ln 関数の単調性により，$f(x)$ と $\ln f(x)$ の最大値を与える x の値が同じであることを用いた．$E_A + E_B = E$ の制限条件により $\partial/\partial E_A = -\partial/\partial E_B$ が成立するので，E が定数であることを用いて上式を微分すれば

$$
\frac{\partial}{\partial E_A} k_B \ln W_A(E_A) = \frac{\partial}{\partial E_B} k_B \ln W_B(E_B) \quad (3.117)
$$

を得る．ミクロカノニカル集団のボルツマンの原理（(3.64) 式）を用いれば，上式の両辺はそれぞれ $(\partial S_A/\partial E_A)$ および $(\partial S_B/\partial E_B)$ であることがわかる．2 つの系は熱平衡状態にあるので，熱力学の関係式によりこれらの偏微分の値はともに等しく $1/T$ であることがわかる．ここで系 B の方の関係式は

$$
\frac{\partial}{\partial E_B} k_B \ln W_B(E_B) = \frac{1}{T} \quad (3.118)
$$

となるので，$E_B = E - E_A$ を用いると

$$
-\frac{\partial}{\partial E_A} k_B \ln W_B(E - E_A) = \frac{1}{T} \quad (3.119)
$$

となる．この式の両辺を E_A で積分することにより，

$$
\ln W_B(E - E_A) = -\frac{E_A}{k_B T} + C \quad (3.120)
$$

が得られる．ここで C は積分定数である．この結果式は，

$$
W_B(E - E_A) = C' \exp\left[-\frac{E_A}{k_B T}\right] \quad (3.121)
$$

という形に変形できる．ここで $C' = e^C$ である．とくに $E_A = 0$ のときを考えると，

$$
W_B(E) = C' \quad (3.122)
$$

であることがわかる．したがって，

3.6 カノニカル集団

$$W_B(E - E_A) = W_B(E) \exp\left[-\frac{E_A}{k_B T}\right] \tag{3.123}$$

となる．この結果を (3.115) 式に代入すれば，

$$P(E_A) = \frac{W_B(E)}{W(E)} W_A(E_A) \exp\left[-\frac{E_A}{k_B T}\right] \tag{3.124}$$

を得る．全エネルギー E が系の微視的状態に依存しない定数であることを考えれば，この分布関数は (3.110) 式に与えたエネルギー空間でのカノニカル分布になっていることがわかる．

このようにミクロカノニカル集団から出発してその部分系に着目し，それ以外の大部分を熱浴とみなすと，カノニカル分布が導出できるわけである．

e. 種々の熱力学量の表現

(3.109) 式に示したように，系のハミルトニアンが与えられれば状態和 Z を計算することにより，$F = -k_B T \ln Z$ からヘルムホルツの自由エネルギー F を求めることができる．F が求まれば，

$$dF = -SdT - PdV + \mu dN \tag{3.125}$$

により熱力学量 S, P, μ などを

$$S = -\left(\frac{\partial F}{\partial T}\right)_{V,N} \quad P = -\left(\frac{\partial F}{\partial V}\right)_{T,N} \quad \mu = \left(\frac{\partial F}{\partial N}\right)_{T,V} \tag{3.126}$$

と求めることができる．この第 1 式を用いると，

$$\begin{aligned} S &= -\frac{\partial}{\partial T}\left[-k_B T \ln Z\right] \\ &= k_B \ln Z + k_B T \left(\frac{\partial \ln Z}{\partial T}\right)_{V,N} \end{aligned} \tag{3.127}$$

となる．ここで $\beta = 1/(k_B T)$ より

$$d\beta = -\frac{1}{k_B T^2} dT \tag{3.128}$$

となるので，

$$\frac{\partial}{\partial T} = -\frac{1}{k_B T^2} \frac{\partial}{\partial \beta} \tag{3.129}$$

という関係式が導ける．この関係式を (3.127) 式に適用すると，

$$S = k_{\rm B} \ln Z + k_{\rm B} T \left(\frac{\partial \ln Z}{\partial T}\right)_{V,N}$$
$$= k_{\rm B} \ln Z - \frac{1}{T} \left(\frac{\partial \ln Z}{\partial \beta}\right)_{V,N} \tag{3.130}$$

というエントロピーの表式を得る．この関係式とヘルムホルツの自由エネルギーの定義式を用いれば，

$$E = F + TS = k_{\rm B} T^2 \left(\frac{\partial \ln Z}{\partial T}\right)_{V,N} = -\left(\frac{\partial \ln Z}{\partial \beta}\right)_{V,N} \tag{3.131}$$

という公式を導くことができる．

また，(3.126) 式の第 2，第 3 式からは，

$$P = k_{\rm B} T \left(\frac{\partial \ln Z}{\partial V}\right)_{T,N} \quad \mu = -k_{\rm B} T \left(\frac{\partial \ln Z}{\partial N}\right)_{T,V} \tag{3.132}$$

という公式を導出することができる．

[注意]： (3.131) 式の公式は，以下のようにしても導出可能である．

$$\begin{aligned} E &= \langle E_j \rangle \quad (熱力学極限) \\ &= \sum_j E_j P_j \\ &= \sum_j E_j \frac{1}{Z} \exp[-\beta E_j] \\ &= -\frac{1}{Z} \frac{\partial}{\partial \beta} \sum_j \exp[-\beta E_j] \\ &= -\frac{1}{Z} \left(\frac{\partial Z}{\partial \beta}\right)_{V,N} \end{aligned} \tag{3.133}$$

したがって，

$$E = -\left(\frac{\partial \ln Z}{\partial \beta}\right)_{V,N} = k_{\rm B} T^2 \left(\frac{\partial \ln Z}{\partial T}\right)_{V,N} \tag{3.134}$$

という結論を得る．

3.6.2 古典理想系のカノニカル集団

カノニカル集団の状態和は，(3.109) 式に与えたように全系の微視的状態のそれぞれに対応する全系のエネルギーのボルツマン因子の和として表される．このような多数の粒子からなる系の状態和を計算する際には，たとえ相互作用のない理想系であっても系全体の状態を知る必要がある．これは，量子力学的に同種粒子が区別されず，各 1 粒子の量子状態に粒子を配る配り方のパターンだけが意味を持つという量子統計の性質から考えて当然のことである．

ところが，高温の場合や粒子密度が低い場合のように同時に 2 つ以上の粒子が同一の量子状態を占有しようとする事象がほとんど起きない場合には，粒子は互いに独立に量子状態を占めると考える古典統計（修正マクスウェル–ボルツマン統計）の方法を近似的に用いることができる．この際，同種粒子が見分けられない効果は，状態和における $1/N!$ の補正因子で近似的に取り入れられる．このように粒子を統計的に独立に扱うことのできる古典統計においては，全系の状態和 Z は各粒子ごとの状態和に分解することができる．まず N 粒子の理想系の状態和は

$$Z = \sum_j e^{-\beta E_j} \tag{3.135}$$

で与えられる．ここで古典理想系では各粒子の状態は互いに独立なので，全系の微視的状態を指定するインデックス j は，それぞれの粒子の状態を表すインデックスの集合になる．全系の微視状態がインデックス j で指定されているとき，i 番目の粒子の 1 粒子微視状態が r_i であったとする．このとき

$$\text{全系の微視的状態} \equiv (r_1, r_2, \cdots, r_N) : \text{各粒子の微視的状態の組} \tag{3.136}$$

となる．さらに i-粒子の r_i 状態におけるエネルギーを $\epsilon_i(r_i)$ とすれば，系が理想系であることにより

$$E_j = \epsilon_1(r_1) + \cdots + \epsilon_N(r_N) \tag{3.137}$$

と書ける．これらを用いれば，系の状態和は

$$Z = \sum_j e^{-\beta E_j}$$

$$= \sum_{r_1} \cdots \sum_{r_N} \exp\left[-\beta\left\{\epsilon_1(r_1) + \cdots + \epsilon_N(r_N)\right\}\right]$$

$$= \left\{\sum_{r_1} \exp\left[-\beta\epsilon_1(r_1)\right]\right\} \times \cdots \times \left\{\sum_{r_N} \exp\left[-\beta\epsilon_N(r_N)\right]\right\} \quad (3.138)$$

となる.ここで

$$z_i \equiv \sum_{r_i} \exp\left[-\beta\epsilon_i(r_i)\right] \quad (3.139)$$

によって i-番目の粒子の 1 粒子状態和を定義すると,

$$Z = \prod_i z_i \quad \text{(見分けのつく古典理想系)} \quad (3.140)$$

によって古典理想系の状態和が求まる.ただし,$\prod_i$ は i に関して積をとることを意味しており,各粒子は見分けられると仮定した.もし,各粒子が見分けられない場合には,その補正のための $1/N!$ の因子を追加して

$$Z = \frac{1}{N!} z^N \quad \text{(見分けのつかない古典理想系)} \quad (3.141)$$

となる.

このように古典理想系においては,1 粒子の状態和を計算することで全系の状態和を求めることができる.

3.6.3 古典極限におけるカノニカル分布

量子統計では微視的状態は離散的であるが,高温の古典極限では粒子の熱エネルギーが高いため,粒子が持っているエネルギーのスケールで見ると,エネルギー準位は連続的に分布しているように見える.このような極限では,(3.109) 式のように離散的な和で書かれた状態和は連続的な積分で記述されるようになる.

例として,見分けのつかない N 個の同種粒子の系を考える.量子統計において,インデックス j で指定されていた全系の微視的状態は,古典極限では位相空間の 1 点 $(\{q_\mu\}, \{p_\mu\})$ における体積 h^{3N} の領域に相当する.また量子統計と古典統計の間には以下の表のような対応がある.

量子統計	古典統計
j 番目の微視的状態 $\to$	位相空間の 1 点 $(\{q_\mu\}, \{p_\mu\})$ の体積 h^{3N} の領域
$E_j \to$	$H(\{q_\mu\}, \{p_\mu\})$
$\sum_j \to$	$\dfrac{1}{N!}\dfrac{1}{h^{3N}}\int dq_1 \cdots \int dq_{3N} \int dp_1 \cdots \int dp_{3N}$

したがって，見分けのつかない N 粒子系の古典カノニカル統計における状態和は

$$Z = \frac{1}{N!}\frac{1}{h^{3N}}\int dq_1 \cdots \int dq_{3N} \int dp_1 \cdots \int dp_{3N} \exp\left[-\beta H(\{q_\mu\}, \{p_\mu\})\right] \tag{3.142}$$

と表される．

特に，ハミルトニアンが

$$H(\{q_\mu\}, \{p_\mu\}) = \sum_{i=1}^{N} h(\mathbf{q}_i, \mathbf{p}_i)$$

$(\mathbf{q}_i, \mathbf{p}_i : i\,粒子の位置と運動量)$ (3.143)

の形に表される理想系の場合の状態和は，

$$\begin{aligned} Z &= \frac{1}{N!} z^N \\ z &= \frac{1}{h^3}\int d\mathbf{q} \int d\mathbf{p}\ \exp\left[-\beta h(\mathbf{q}, \mathbf{p})\right] \end{aligned} \tag{3.144}$$

のように 1 粒子状態和 z を用いて書かれる．

3.6.4 カノニカル集団の簡単な適用例

a. 古典単原子理想気体

カノニカル集団の適用例として，3.5.2 項で議論した古典理想気体について解析してみよう．

同種の N 個の単原子分子からなる相互作用のない気体のハミルトニアンは，(3.65) 式で与えられる．この系は古典理想系であるから，状態和の計算には (3.144) 式を用いることができる．

ガウス積分の公式

$$\int_{-\infty}^{\infty} e^{-ax^2} dx = \sqrt{\frac{\pi}{a}} \tag{3.145}$$

を用いると，1粒子状態和は

$$\begin{aligned} z &= \frac{1}{h^3} \int d\mathbf{q} \int d\mathbf{p} \exp\left[-\frac{\beta}{2m}|\mathbf{p}|^2\right] \\ &= \frac{V}{h^3} \left\{\int_{-\infty}^{\infty} \exp\left[-\frac{\beta}{2m}p^2\right] dp\right\}^3 \\ &= \frac{V}{h^3} \left(\frac{2m\pi}{\beta}\right)^{3/2} \\ &= V \left(\frac{2m\pi}{\beta h^2}\right)^{3/2} \end{aligned} \tag{3.146}$$

と書けるので，

$$Z = \frac{V^N}{N!} \left(\frac{2m\pi}{\beta h^2}\right)^{3N/2} \tag{3.147}$$

となる．(3.109) 式のヘルムホルツ自由エネルギーの公式を用いると，

$$F = -k_B T \ln\left[\frac{V^N}{N!} \left(\frac{2m\pi}{\beta h^2}\right)^{3N/2}\right] \tag{3.148}$$

となる．

ここで

$$dF = -SdT - PdV + \mu dN \tag{3.149}$$

より，

$$S = -\left(\frac{\partial F}{\partial T}\right)_{V,N} \qquad P = -\left(\frac{\partial F}{\partial V}\right)_{T,N} \tag{3.150}$$

であるので，(3.148) 式と (3.150) 式の第 2 式より，

$$\begin{aligned} P &= -\frac{\partial}{\partial V}\left[-k_B T \ln V^N + (V\text{に依存しない項})\right] \\ &= Nk_B T \frac{1}{V} \end{aligned} \tag{3.151}$$

となり，理想気体の状態方程式

$$PV = Nk_{\mathrm{B}}T \tag{3.152}$$

が得られる．

一方 (3.148) 式と (3.150) 式の第 1 式からは

$$S = \frac{3}{2}Nk_{\mathrm{B}} + k_{\mathrm{B}} \ln \left\{ \frac{V^N}{N!} \left(\frac{2\pi m}{\beta h^2} \right)^{3N/2} \right\} \tag{3.153}$$

が得られるが，$N \gg 1$ であることからスターリングの公式 (3.17) 式を適用すると，

$$\begin{aligned} S &= \frac{3}{2}Nk_{\mathrm{B}} + k_{\mathrm{B}} \ln \left\{ \frac{V^N}{N^N e^{-N}} \left(\frac{2\pi m}{\beta h^2} \right)^{3N/2} \right\} \\ &= \frac{5}{2}Nk_{\mathrm{B}} + Nk_{\mathrm{B}} \ln \left\{ \frac{V}{N} \left(\frac{2\pi m}{\beta h^2} \right)^{3/2} \right\} \end{aligned} \tag{3.154}$$

となる．この結果は，ミクロカノニカル集団の方法で導出した (3.87) 式と完全に一致している．

b. ポテンシャル中の古典理想気体

カノニカル集団の方法の応用の別の例として，外場の中に置かれた理想気体の解析を行ってみよう．

位置 $\mathbf{r}$ における外場のポテンシャルを $V(\mathbf{r})$ とすると，このポテンシャル中に置かれた同種の N 粒子古典理想気体のハミルトニアンは，

$$H = \frac{1}{2m} \sum_{i=1}^{N} |\mathbf{p}_i|^2 + \sum_{i=1}^{N} V(\mathbf{r}_i) \equiv \sum_{i=1}^{N} h(\mathbf{r}_i, \mathbf{p}_i) \tag{3.155}$$

となる．(3.155) 式の最後の表式からこの系が理想系であることがわかるので，1 粒子状態和を計算すればよい．

$$\begin{aligned} z &= \frac{1}{h^3} \int d\mathbf{r} \int d\mathbf{p} \exp\left[-\beta h(\mathbf{r}, \mathbf{p})\right] \\ &= \frac{1}{h^3} \left[\int_{-\infty}^{\infty} \exp\left(-\frac{\beta}{2m} p^2\right) dp \right]^3 \times \int d\mathbf{r} \exp\left[-\beta V(\mathbf{r})\right] \\ &= \left(\frac{2\pi m}{\beta h^2} \right)^{3/2} \int d\mathbf{r} \exp\left[-\beta V(\mathbf{r})\right] \end{aligned} \tag{3.156}$$

となるので，

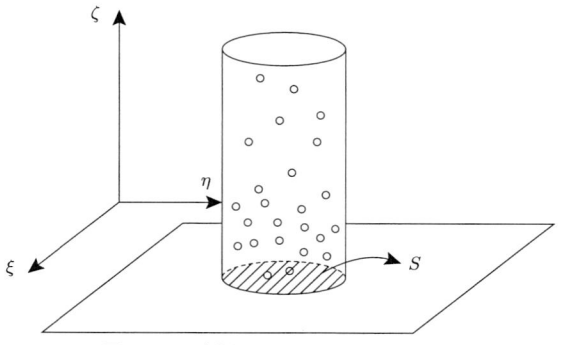

図 3.13 重力場の中に置かれた理想気体

$$Z = \frac{1}{N!} \left(\frac{2\pi m}{\beta h^2}\right)^{3N/2} \left\{\int d\mathbf{r} \exp\left[-\beta V(\mathbf{r})\right]\right\}^N \qquad (3.157)$$

となる．

具体例として，重力場中の理想気体を考える．図 3.13 のように水平面内に ξ, η 軸をとり，鉛直上向きに ζ 軸をとることで，位置座標を $\mathbf{r} = (\xi, \eta, \zeta)$ と表す．この場合，重力場のポテンシャルは

$$V(\mathbf{r}) = mg\zeta \qquad (3.158)$$

となる．ここで m は気体粒子の質量，g は重力加速度である．

$\xi - \eta$ 面内の面積 S の領域をとり，この領域を底面とする柱体の内部の気体の分布を考える．(3.158) 式を用いると

$$\int d\mathbf{r} \exp\left[-\beta V(\mathbf{r})\right] = \int d\xi \int d\eta \int_0^\infty d\zeta \exp\left[-\beta mg\zeta\right] = S \frac{1}{\beta mg} \qquad (3.159)$$

となるので，(3.156) 式によりこの系の 1 粒子状態和は，

$$z = \left(\frac{2\pi m}{\beta h^2}\right)^{3/2} \frac{S}{\beta mg} \qquad (3.160)$$

となる．

この 1 粒子状態和を用いて，ζ 方向の気体の平衡分布を計算してみよう．古典理想系なので，各粒子は統計的に独立である．したがって，ある粒子を状態 $(\mathbf{r}, \mathbf{p})$ に見出す確率は

$$P(\mathbf{r},\mathbf{p}) = \frac{1}{zh^3}\exp\left[-\beta h(\mathbf{r},\mathbf{p})\right] \qquad (3.161)$$

で与えられる．高さ ζ に粒子を見出す確率がほしい場合，ζ と関係のない変数である $\mathbf{p}$, ξ および η に関してこの確率分布を積分すればよい．したがって，

$$\begin{aligned}P(\zeta) &= \int d\mathbf{p}\int d\xi\int d\eta P(\mathbf{r},\mathbf{p}) \\ &= \frac{1}{z}\int d\mathbf{p}\int d\xi\int d\eta \exp\left[-\beta\left\{\frac{|\mathbf{p}|^2}{2m}+mg\zeta\right\}\right] \\ &= \beta mg\exp\left[-\beta mg\zeta\right]\end{aligned} \qquad (3.162)$$

を得る．このようにして，温度一定の平衡状態においては，重力場中の理想気体は高所に行くほど指数関数的に濃度が下がることがわかる．

3.6.5　ギブスのパラドックスと修正マクスウェル–ボルツマン統計

3.5.2 項および 3.6.2 項では，古典ミクロカノニカル集団の微視的状態数の計算を行う際や古典カノニカル集団の状態和を計算する際に，同種粒子が見分けられないことによる量子補正として $1/N!$ の因子を導入した．本項では，この補正因子の物理的な意味について考えてみる[*7]．

議論を簡単にするために理想気体を考えることにする．(3.147) 式の理想気体の状態和で $1/N!$ の因子を導入しないものを考えてみよう．このような状態和を用いて (3.154) 式のエントロピーを計算しなおすと，

$$S = \frac{3}{2}Nk_\mathrm{B} + Nk_\mathrm{B}\ln\left\{V\left(\frac{2\pi m}{\beta h^2}\right)^{3/2}\right\} \qquad (3.163)$$

となる．この表式と (3.154) 式とのもっとも重要な違いは，対数関数の引数の中の V/N が V に変わっている点である．(3.154) 式の修正された MB 統計の結果式では，V/N が系の大きさに依存しないことによりエントロピーが系の大きさ N に比例した示量性の物理量になっていることがわかる．一方 (3.163) 式の方では，第 2 項の対数関数の部分が系の大きさ V に依存してしまっているので，エントロピーが示量性を持たないことがわかる．この事実が 2 種の気体

[*7] 古典統計力学の歴史は量子力学の出現以前にさかのぼるため，古典統計力学の初期の定式化においては，同種粒子が見分けられないという量子力学的な事実が考慮されていなかった．したがって，同種粒子系の場合に状態和には $1/N!$ の因子が現れなくてはならないことは，理解できない事実であった．

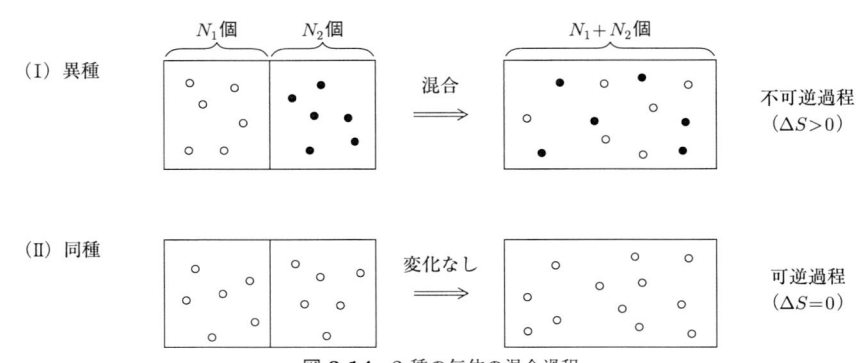

図 3.14 2 種の気体の混合過程
(a) 異種の場合にはそれぞれの気体が拡散し非可逆過程になるが，(b) 同種の場合には巨視的な変化は生じない．

の混合の際にパラドックスに導くことを以下に示してみる．

3.2 節で議論した容器内での気体の拡散現象を例として取り上げよう．図 3.14 に示すように仕切りを用いて容器を 2 つの部分に区切り，それぞれの領域を気体で満たす．議論を簡単にするため，両方の気体は理想気体で温度，圧力，密度は同じ値を持っているとする．これら容器の 2 つの領域に満たされた気体が異種の場合には，仕切りを取り去った後はそれぞれの気体が容器の全体を満たすように拡散し，最終的に容器内は均一になる．この過程は非可逆過程である．一方，初期状態で容器の 2 つの領域に満たされた気体が同種の気体の場合には，2 つの領域は同じ気体の同じ状態であるため，仕切りを取り去っても何も変化は生じないはずである（2.1 節の熱力学の第 0 法則に相当）．熱力学によると，非可逆過程はエントロピーの増大を伴うはずであるから，図 3.14 の (a) の場合にはエントロピーは増大し，一方 (b) の場合にはエントロピーは不変である（2.3.1 項の熱力学の第 2 法則）．統計力学は熱力学と矛盾してはいけないので，統計力学的に定義されたエントロピーもこの熱力学の第 2 法則を正しく再現できなくてはならない．

この現象のエントロピー変化を，エントロピーの誤った表式である (3.163) 式と正しい表式である (3.154) 式を用いて評価してみる．仕切りで隔てられた 2 つの部分系を部分系 A および部分系 B と呼ぶことにする．問題を簡単にするために，それぞれの部分系の体積は同一で V であるとし，仕切りを取り去る前にそれぞれの部分系に含まれている粒子数も同数で N とする．

a. 修正しない MB 統計の場合

まず $1/N!$ の因子を用いて修正していない (3.163) 式によるエントロピー変化を計算する．仕切りを取り去る前の状態のエントロピーはそれぞれの部分系のエントロピーの和である．各部分系は同一の温度，体積，粒子数の理想気体なので，そのエントロピーは同一の値を持つ．したがって

$$S^{(\text{無修正})}_{\text{混合前}} = 2\left[\frac{3}{2}Nk_\text{B} + Nk_\text{B}\ln\left\{V\left(\frac{2\pi m}{\beta h^2}\right)^{3/2}\right\}\right] \tag{3.164}$$

で与えられる．一方仕切りを取り去った後のエントロピーは，相互作用がないためにそれぞれの気体が独立に体積 $2V$ の容器全体を満たしていると考えればよく，

$$S^{(\text{無修正})}_{\text{混合後}} = 2\left[\frac{3}{2}Nk_\text{B} + Nk_\text{B}\ln\left\{2V\left(\frac{2\pi m}{\beta h^2}\right)^{3/2}\right\}\right] \tag{3.165}$$

となる．両者の差をとれば，気体の混合に関するエントロピー変化は

$$\Delta S \equiv S^{(\text{無修正})}_{\text{混合後}} - S^{(\text{無修正})}_{\text{混合前}} = 2Nk_\text{B}\ln 2 > 0 \tag{3.166}$$

となる．修正しない MB 統計の場合には粒子は常に見分けられると考えることになるので，(3.166) 式の結果は最初に仕切られていた 2 種の気体が同種であるか異種であるかにはよらない．したがって修正しない MB 統計では，同種であろうと異種であろうと 2 種の気体を混合すると常にエントロピーが増大するという結論になる．これは上記の熱力学的な議論と矛盾している．この矛盾はギブスのパラドックスと呼ばれる．

b. 修正された MB 統計の場合

今度は同種粒子に対して $1/N!$ で量子的な補正を加えた (3.154) 式を用いて同じ現象のエントロピー変化を計算する．

無修正 MB 統計の場合と同じく混合前は 2 つの気体のエントロピーの和になるので，

$$S^{(\text{修正})}_{\text{混合前}} = 2\left[\frac{5}{2}Nk_B + Nk_B \ln\left\{\frac{V}{N}\left(\frac{2\pi m}{\beta h^2}\right)^{3/2}\right\}\right] \tag{3.167}$$

で与えられる．一方仕切りを取り去った後のエントロピーは，異種気体の混合と同種気体の混合の場合で結果が異なる．異種の気体の混合の場合には，それぞれの気体が独立に体積 $2V$ の容器全体を満たすことになるので，

$$S^{(\text{修正；異種混合})}_{\text{混合後}} = 2\left[\frac{5}{2}Nk_B + Nk_B \ln\left\{\frac{2V}{N}\left(\frac{2\pi m}{\beta h^2}\right)^{3/2}\right\}\right] \tag{3.168}$$

となるが，同種の気体の混合では $2N$ 個の粒子が体積 $2V$ の容器を満たすことになり，

$$S^{(\text{修正；同種混合})}_{\text{混合後}} = \frac{5}{2}(2N)k_B + 2Nk_B \ln\left\{\frac{2V}{2N}\left(\frac{2\pi m}{\beta h^2}\right)^{3/2}\right\} \tag{3.169}$$

となる．これらより混合によるエントロピー変化を計算すると

$$\Delta S^{(\text{修正})} = \begin{cases} 2Nk_B \ln 2 & (\text{異種気体の混合の場合}) \\ 0 & (\text{同種気体の混合の場合}) \end{cases} \tag{3.170}$$

となり，異種気体の混合ではエントロピーが増加するのに対して同種気体の混合の場合にエントロピー変化がないという熱力学と対応する結果を得ることができる．

3.7　グランドカノニカル集団

　代表的な統計集団の最後の例として，本節ではグランドカノニカル集団について学ぶ．

3.7.1　確　率　分　布
　グランドカノニカル集団の定式化は，カノニカル集団の定式化とほとんど同

じである．カノニカル集団では固定されていた粒子数がグランドカノニカル集団では変動するので，この条件に対するラグランジュの未定定数が 1 個余分に導入される点が目立った違いである．

a. ラグランジュの未定定数の導入と最大化

(3.43) 式および (3.58) 式を用いれば，グランドカノニカル集団における位相空間中の代表点の分布 $\{P_j\}$ は，規格化条件に対するラグランジュの未定定数 $\tilde{\alpha}$，平均エネルギーに対するラグランジュ未定定数 $\tilde{\beta}$ および平均粒子数に対するラグランジュの未定定数 $\tilde{\gamma}$ を用いて，

$$\max_{\{P_j\}} \left[-k_B \sum_j P_j \ln P_j + \tilde{\alpha} \left(\sum_k P_k - 1 \right) \right.$$
$$\left. + \tilde{\beta} \left(\sum_k E_k P_k - \langle E \rangle \right) + \tilde{\gamma} \left(\sum_k N_k P_k - \langle N \rangle \right) \right] \quad (3.171)$$

なる最大化問題に帰着される．ラグランジュの未定定数の導入によって各 P_j を独立として扱うことができるので，(3.171) 式の [ ] の部分を P_j で偏微分して 0 とおくことにより

$$-k_B (\ln P_j + 1) + \tilde{\alpha} + \tilde{\beta} E_j + \tilde{\gamma} N_j = 0 \quad (3.172)$$

となる．これを解けば

$$P_j = \exp[\alpha - \beta E_j + \beta\gamma N_j] \quad (3.173)$$

を得る．ただし，

$$\begin{aligned} \alpha &= \frac{\tilde{\alpha}}{k_B} - 1 \\ \beta &= -\frac{\tilde{\beta}}{k_B} \\ \beta\gamma &= \frac{\tilde{\gamma}}{k_B} \end{aligned} \quad (3.174)$$

と定義した．

b. ラグランジュの未定定数の決定

次に (3.43) 式の拘束条件を用いてラグランジュの未定定数を決定する．(3.43) 式の第 1 式より

$$P_j = \frac{1}{\Xi} \exp\left[-\beta\left(E_j - \gamma N_j\right)\right] \tag{3.175}$$

となる．ここで，

$$\Xi = \sum_j \exp\left[-\beta\left(E_j - \gamma N_j\right)\right] \tag{3.176}$$

と定義した．この規格化因子 Ξ は，大きな状態和あるいは大分配関数と呼ばれる．

(3.175) 式を (3.39) 式に代入すると

$$\begin{aligned}
S &= -k_\mathrm{B} \sum_j P_j \ln P_j \\
&= -k_\mathrm{B} \sum_j P_j \left[-\beta E_j + \beta\gamma N_j - \ln \Xi\right] \\
&= k_\mathrm{B}\beta \sum_j E_j P_j - k_\mathrm{B}\beta\gamma \sum_j N_j P_j + k_\mathrm{B} \ln \Xi \left(\sum_j P_j\right)
\end{aligned} \tag{3.177}$$

となるので，(3.43) 式を代入すると

$$S = k_\mathrm{B}\beta \langle E \rangle - k_\mathrm{B}\beta\gamma \langle N \rangle + k_\mathrm{B} \ln \Xi \tag{3.178}$$

を得る．この統計力学的に得られたエントロピーに対応する熱力学ポテンシャルは，V, T, μ を自然な変数とする自由エネルギーであるグランドポテンシャル

$$\Omega = E - TS - \mu N \tag{3.179}$$

である．この定義式を変形すると

$$S = \frac{E}{T} - \frac{\mu}{T} N - \frac{\Omega}{T} \tag{3.180}$$

が得られる．(3.178) 式と (3.180) 式を比較すると

$$\begin{aligned}
\beta &= \frac{1}{k_\mathrm{B}T} \\
\gamma &= \mu \\
\Omega &= -k_\mathrm{B}T \ln \Xi
\end{aligned} \tag{3.181}$$

という関係式を得る．

以上をまとめると以下のようになる．

3.7 グランドカノニカル集団

グランドカノニカル集団とグランドカノニカル分布

$N,\ V,\ \mu$ が固定されたグランドカノニカル集団は,以下の性質を持つ.

$$\left.\begin{array}{ll}\text{グランドカノニカル分布：} & P_j = \frac{1}{\Xi}\exp\left[-\beta\left(E_j - \mu N_j\right)\right] \\ \text{大きな状態和（大分配関数）：} & \Xi = \sum_j \exp\left[-\beta\left(E_j - \mu N_j\right)\right] \\ \text{グランドポテンシャル：} & \Omega = -k_\mathrm{B} T \ln \Xi\end{array}\right\} \tag{3.182}$$

ここで,$\beta = 1/(k_\mathrm{B} T)$ である.

---

c. カノニカル分布とグランドカノニカル分布の関係

3.6.1 項では,カノニカル分布とミクロカノニカル分布の間に関係があることを示したが,ここでは同じ方法を用いてグランドカノニカル分布とカノニカル分布の関係を示してみよう.

(3.182) 式のグランドカノニカル分布の大きな状態和 Ξ において,微視的状態の和 $\sum_j$ は

$$\begin{aligned} j & \to (N, r(N)) \\ E_j & \to E_r(N) \end{aligned} \tag{3.183}$$

のように系の粒子数 N と N 粒子系の微視的状態のインデックス r の組で表せ,そのときの系のエネルギー E_j も N と $r(N)$ で指定される値 $E_r(N)$ をとる.このように微視的状態を表現すれば

$$\sum_j \to \sum_{N=0}^{\infty} \sum_r \tag{3.184}$$

と書けるので,大きな状態和 Ξ は

$$\begin{aligned} \Xi &= \sum_{N=0}^{\infty} \sum_r \exp\left[-\beta\left(E_r(N) - \mu N\right)\right] \\ &= \sum_{N=0}^{\infty} \exp\left[\beta \mu N\right] \sum_r \exp\left[-\beta E_r(N)\right] \end{aligned} \tag{3.185}$$

となる．最後の表式で $\sum_r \exp\left[-\beta E_r(N)\right]$ の部分は N 粒子系のカノニカル状態和であることがわかる．したがって，

$$\Xi = \sum_{N=0}^{\infty} \exp\left[\beta\mu N\right] Z_N$$
$$Z_N = \sum_r \exp\left[-\beta E_r(N)\right] \tag{3.186}$$

という関係式を得る．ここで，Z_N は N 粒子系のカノニカル状態和である．(3.186) 式が示すように，グランドカノニカル集団の大きな状態和 Ξ は，カノニカル集団の状態和 Z_N を化学ポテンシャルによって決まる重み因子 $\exp\left[\beta\mu N\right]$ を掛けて平均したものになっている（ただし，規格化因子を除く）．

d. 大きな状態和の別の表現

(3.186) 式において

$$e^{\beta\mu} \equiv e^{\frac{\mu}{k_B T}} \equiv \lambda \tag{3.187}$$

で定義されるフガシティ λ を導入すると，

$$\Xi = \sum_{N=0}^{\infty} \lambda^N Z_N \tag{3.188}$$

という表現を得る．

e. 参考：ミクロカノニカル分布を用いたグランドカノニカル分布の導出

3.6.1 項 d と同様にして，ミクロカノニカル分布からグランドカノニカル分布を導出することができる．図 3.15 に示すように，孤立系になっている全体系を部分系 A と部分系 B の 2 つの部分系に仮想的に分ける．このとき部分系 A と B を隔てている仕切りは，熱だけでなく粒子も通すことができるものとする．部分系 A に比べて部分系 B は非常に大きいと仮定すると，部分系 B は部分系 A に対する熱浴と粒子溜めとみなすことができる．以下，方法は 3.6.1 項 d の方法とまったく同様の計算を行う．唯一の違いは，3.6.1 項 d では部分系 A と B の間のエネルギーのやり取りだけを考えたのに対して，今回はエネルギーと粒子のやり取りを考えるという点である．

全体系が孤立系であるという仮定より

3.7 グランドカノニカル集団

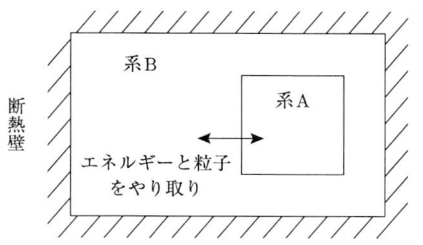

図 3.15 孤立系の中の一部分をエネルギーと粒子を通すことのできる壁で仕切ると，この部分系はグランドカノニカル集団に従う．

$$E_A + E_B = E = \text{一定}$$
$$N_A + N_B = N = \text{一定} \tag{3.189}$$

となる．部分系 A と部分系 B の微視的状態の数を $W_A(E_A, N_A)$ および $W_B(E_B, N_B)$ とすると，部分系は独立だと考えて全系の微視的状態数 $W(E, N)$ を計算すると

$$W(E, N) = \sum_{\substack{E_A + E_B = E \\ N_A + N_B = N}} W_A(E_A, N_A) W_B(E_B, N_B) \tag{3.190}$$

となる．全体系のミクロカノニカル集団の性質を用いて部分系 A が状態 (E_A, N_A) をとる確率を計算すると

$$P(E_A, N_A) = \frac{W_A(E_A, N_A) W_B(E_B, N_B)}{W(E, N)} \tag{3.191}$$

となる．平衡状態では $P(E_A, N_A)$ は最大値になるので，(3.191) 式の対数をとったものを E_A, N_A で微分して 0 とおくと，

$$\frac{\partial S_A}{\partial E_A} - \frac{\partial S_B}{\partial E_B} = 0$$
$$\frac{\partial S_A}{\partial N_A} - \frac{\partial S_B}{\partial N_B} = 0 \tag{3.192}$$

となる．熱力学関係式 $(\partial S/\partial E)_{V,N} = 1/T$ および $(\partial S/\partial N)_{E,V} = -\mu/T$ を用いると

$$\frac{1}{T_A} = \frac{1}{T_B} \equiv \frac{1}{T}$$
$$-\frac{\mu_A}{T_A} = -\frac{\mu_B}{T_B} \equiv -\frac{\mu}{T} \tag{3.193}$$

となり，平衡状態において 2 つの部分系で温度と化学ポテンシャルが等しいことがわかる．ここで (3.192) 式と (3.193) 式より

$$\frac{\partial S_\mathrm{B}}{\partial E_\mathrm{B}} = -\frac{\partial}{\partial E_\mathrm{A}}\left[k_\mathrm{B}\ln W_\mathrm{B}\left(E-E_\mathrm{A}, N-N_\mathrm{A}\right)\right] = \frac{1}{T} \tag{3.194}$$

となるので

$$\frac{\partial}{\partial E_\mathrm{A}}\ln W_\mathrm{B}\left(E-E_\mathrm{A}, N-N_\mathrm{A}\right) = -\frac{1}{k_\mathrm{B}T} \tag{3.195}$$

という式が得られる．同様に

$$\frac{\partial}{\partial N_\mathrm{A}}\ln W_\mathrm{B}\left(E-E_\mathrm{A}, N-N_\mathrm{A}\right) = -\frac{\mu}{k_\mathrm{B}T} \tag{3.196}$$

となる．

(3.195) 式および (3.196) 式の連立微分方程式を解くと

$$W_\mathrm{B}\left(E-E_\mathrm{A}, N-N_\mathrm{A}\right) = \frac{W_\mathrm{B}(E,N)}{W(E,N)} W_\mathrm{A}(E,N)\exp\left[-\frac{1}{k_\mathrm{B}T}(E_\mathrm{A}-\mu N_\mathrm{A})\right] \tag{3.197}$$

となるので，この結果を (3.191) 式に代入すると

$$P(E_\mathrm{A}, N_\mathrm{A}) = \frac{W_\mathrm{B}(E,N)}{W(E,N)} W_\mathrm{A}(E,N)\exp\left[-\frac{1}{k_\mathrm{B}T}(E_\mathrm{A}-\mu N_\mathrm{A})\right] \tag{3.198}$$

と表される．ここで $1/\Xi \equiv W_\mathrm{B}(E,N)/W(E,N)$ とおくと

$$P(E,N) = \frac{1}{\Xi} W(E,N)\exp\left[-\beta(E-\mu N)\right] \tag{3.199}$$

となる．ただし

$$\Xi = \sum_N \sum_E W(E,N)\exp\left[-\beta(E-\mu N)\right] \tag{3.200}$$

である．この分布関数はエネルギーの空間で書かれたグランドカノニカル分布になっている．また Ξ における和の最大項だけとる近似（平均場近似）を行うと

$$\begin{aligned}
\ln \Xi &= \ln\left[e^{\beta\mu\times 0}Z_0 + e^{\beta\mu\times 1}Z_1 + \cdots\right] \\
&\sim \ln\left[e^{\beta\mu N^*}Z_{N^*}\right] \\
&= \beta\mu N^* + \ln Z_{N^*}
\end{aligned}$$

$$= \beta\mu N^* - \beta F \tag{3.201}$$

となるので,

$$-k_{\mathrm{B}}T \ln \Xi = F - \mu N \equiv \Omega \tag{3.202}$$

という関係が求まる.

このようにグランドカノニカル分布はミクロカノニカル系（孤立系）をエネルギーと粒子数を交換できる仕切りで 2 つの部分に分けることで得られる.

3.7.2 古典理想系のグランドカノニカル集団

見分けのつかない同種粒子の古典理想系を考える.
(3.144) 式および (3.188) 式より

$$\begin{aligned}
\Xi &= \sum_{N=0}^{\infty} \lambda^N Z_N \\
&= \sum_{N=0}^{\infty} \lambda^N \frac{1}{N!} z^N \\
&= \sum_{N=0}^{\infty} \frac{(\lambda z)^N}{N!} \\
&= \exp(\lambda z)
\end{aligned} \tag{3.203}$$

となるので,

$$\Xi = e^{\lambda z} \quad \text{（同種粒子の古典理想系）} \tag{3.204}$$

を得る. これを (3.182) 式の第 3 式に代入すると,

$$\Omega = -k_{\mathrm{B}}T \ln \Xi = -k_{\mathrm{B}}T \lambda z \quad \text{（同種粒子の古典理想系）} \tag{3.205}$$

となる.

3.7.3 グランドカノニカル集団の簡単な適用例

ミクロカノニカル集団およびカノニカル集団に続いて，グランドカノニカル集団でも古典理想気体を解析してみる.

N 個の同種粒子からなる理想気体を考える. (3.146) 式によりこの系のカノ

ニカル1粒子状態和は

$$z = V \left(\frac{2\pi m}{\beta h^2}\right)^{3/2} \tag{3.206}$$

で与えられる．この結果を (3.205) 式に代入すると，

$$\Omega = -k_B T \lambda V \left(\frac{2\pi m}{\beta h^2}\right)^{3/2} \tag{3.207}$$

となる．ここで，

$$d\Omega = -SdT - PdV - Nd\mu \tag{3.208}$$

より

$$\begin{aligned} S &= k_B V \lambda \left(\frac{2\pi m}{\beta h^2}\right)^{3/2} \left(\frac{5}{2} - \frac{\mu}{k_B T}\right) \\ P &= k_B T \lambda \left(\frac{2\pi m}{\beta h^2}\right)^{3/2} \\ N &= V \lambda \left(\frac{2\pi m}{\beta h^2}\right)^{3/2} \end{aligned} \tag{3.209}$$

という関係が導かれる．第2式と第3式より，

$$PV = Nk_B T \tag{3.210}$$

という理想気体の状態方程式が導かれ，一方第1式と第3式より

$$S = \frac{5}{2} N k_B - \frac{\mu N}{T} \tag{3.211}$$

という関係式を得る．これらの表式は，カノニカル集団の結果の (3.152) 式および (3.154) 式に一致する[*8]．

[*8] エントロピーの表式 (3.154) 式と (3.211) 式の同等性は，(3.148) 式から $\mu = \left(\frac{\partial F}{\partial N}\right)_{TV}$ によって化学ポテンシャル μ を計算し，(3.154) 式に代入することで確認できる．

4 古典統計力学の応用

本章では，第 3 章で定式化した統計集団の方法を種々の具体的な問題に適用し，その使い方をマスターすることを目指す．本章で対象とする系は古典系あるいは半古典的な系に限り，本格的な量子系の扱いに関しては次章で議論する．

4.1 結晶の格子比熱の古典統計
―デュロン–プティ (Dulong-Petit) の法則―

結晶の内部エネルギーは，結晶格子点に局在する原子の振動すなわち格子振動に起因する部分が大きい．本節では，イオン結晶のように自由電子を持たない結晶の格子振動による内部エネルギーを古典カノニカル集団の方法で求め，格子振動に由来する比熱の高温での振る舞いを解析する．

4.1.1 格子振動のモデル

図 4.1 に示すような，同種の原子が格子点に配置された結晶を考える．結晶の格子振動をモデル化するにあたり，各原子はそれぞれの平衡位置にあたる格子点の周りで空間の 3 方向に独立に微小振動していると仮定する[*1)]．

振動子の x-軸方向の変位を u とし，振動子の浸っているポテンシャル関数が $V(u)$ であるとすると，このポテンシャルを

$$V(u) = V(\bar{u}) + V'(\bar{u})(u-\bar{u}) + \frac{1}{2}V''(\bar{u})(u-\bar{u})^2 + \cdots \quad (4.1)$$

のように平衡位置 $\bar{u}$ の周りでテイラー展開する．$\bar{u}$ が平衡位置であることから

[*1)] 実際の原子の振動は原子間の相互作用のために独立にはならず，フォノンと呼ばれる集団運動で表現される．このような扱いに関しては次節で議論する．

理想一成分結晶（N粒子）

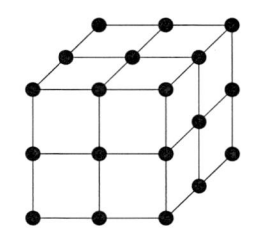

図 4.1　1種類の原子で形成される結晶

$V'(\bar{u}) = 0$ でかつ，微小振動の仮定により高次の展開項を無視してよいので，

$$V(u) = C + \frac{1}{2}m\omega^2(u - \bar{u})^2 \tag{4.2}$$

のような2次のポテンシャルを得る．ここで，C, m, ω は $C \equiv V(\bar{u})$ および $m\omega^2 \equiv V''(\bar{u})$ を満たす定数であり，m は振動子の質量，ω は振動子の角振動数に相当する．

結晶を構成する原子の数が N 個であるとすると，この系は $3N$ 個の独立な調和振動子の集団であるとみなすことができる．結晶の格子振動のもっとも簡単なモデルとして，以下のモデルを考えることができる．

結晶の格子振動のもっとも簡単なモデル

N 個の原子からなる結晶の格子振動

$\Downarrow$

同一の振動数を持つ互いに独立な $3N$ 個の調和振動子の集団

このモデルのハミルトニアンは，

$$H = \sum_{\mu=1}^{3N}\left[\frac{1}{2m}p_\mu^2 + \frac{1}{2}m\omega^2 q_\mu^2\right] \tag{4.3}$$

となる．ただし，一般化座標 q_μ は平衡位置からのずれとして定義した．

4.1.2 古典カノニカル統計による解析

(4.3) 式のハミルトニアンで表される結晶のモデルを，古典カノニカル統計を用いて解析してみよう．

結晶の場合には，各原子は格子点に局在していると考えることができるので，観測の時間スケールでは各原子を区別することは可能である．したがって，同種の原子であっても区別がつかないことによる補正 $1/N!$ は必要ない．したがって，全系の状態和は

$$\begin{aligned} Z &= \frac{1}{h^{3N}} \int dq_1 \cdots \int dq_{3N} \int dp_1 \cdots \int dp_{3N} \\ &\quad \times \exp\left\{-\beta \sum_{\mu=1}^{3N} \left(\frac{p_\mu^2}{2m} + \frac{1}{2}m\omega^2 q_\mu^2\right)\right\} \\ &= \left[\frac{1}{h}\int_{-\infty}^{\infty} dq \int_{-\infty}^{\infty} dp \exp\left\{-\beta\left(\frac{p^2}{2m} + \frac{1}{2}m\omega^2 q^2\right)\right\}\right]^{3N} \\ &\equiv z^{3N} \end{aligned} \tag{4.4}$$

となる．ここで，z は 1 自由度当たりの状態和である．ガウス積分の公式 (3.145) 式を用いれば，

$$z = \frac{k_B T}{\hbar \omega} \tag{4.5}$$

となる．ここで $\hbar \equiv h/(2\pi)$ である．

この結果より，全系の状態和は

$$Z = \left(\frac{k_B T}{\hbar \omega}\right)^{3N} \tag{4.6}$$

となる．(3.134) 式の公式を用いれば，この系の内部エネルギーは

$$\begin{aligned} E &= k_B T^2 \frac{\partial}{\partial T} \ln Z \\ &= k_B T^2 \frac{\partial}{\partial T}\left[3N \ln \frac{k_B T}{\hbar \omega}\right] \\ &= 3N k_B T \end{aligned} \tag{4.7}$$

と求まるので，定積比熱は

$$C_V = \left(\frac{\partial E}{\partial T}\right)_{V,N} = 3N k_B = 3nR \tag{4.8}$$

となる．ここで $\mathcal{N}_\mathrm{A}$ をアボガドロ数とするとき，$n = N/\mathcal{N}_\mathrm{A}$ は原子のモル数，$R = \mathcal{N}_\mathrm{A} k_\mathrm{B}$ は気体定数である．

この結果は，結晶の格子振動のハミルトニアンを (4.3) 式のように書くことのできる場合には，古典統計の範囲で比熱は原子の質量や原子の振動の振動数などによらず，常に $3nR$ であることを示している．このような法則は，デュロン–プティの法則として知られている．

格子振動の比熱のデュロン–プティの法則

(4.3) 式のハミルトニアンで表される格子振動のモデルを古典カノニカル統計（高温の極限に相当）で計算すると，定積比熱は常に

$$C_V = 3nR \tag{4.9}$$

となる．ただし，n は原子のモル数である．

4.2 エネルギー等分配則

ここまででいくつかの簡単な古典系に関して比熱を計算してきた．

N 粒子単原子理想気体 $\quad H = \sum_{\mu=1}^{3N} \dfrac{p_\mu^2}{2m} \qquad \to E = \dfrac{3}{2} N k_\mathrm{B} T$

N 個の調和振動子 $\quad H = \sum_{\mu=1}^{3N} \left[\dfrac{p_\mu^2}{2m} + \dfrac{1}{2} m \omega^2 q_\mu^2 \right] \to E = 3 N k_\mathrm{B} T$

N 個の 2 原子分子の気体 $\; H = (並進) + (振動) + (回転) \to E = \dfrac{7}{2} N k_\mathrm{B} T$
$$\tag{4.10}$$

ここで 2 原子分子の場合に，（並進）とは分子の重心の 3 方向への並進運動，（振動）とは 2 つの原子を結びつけている結合の振動，（回転）とは分子軸が重心周りに回転する 2 つの運動様式である．これらの結果から，系のハミルトニアンに現れる変数の数と内部エネルギーの $N k_\mathrm{B} T$ の前の因子の間に対応関係があるのではないかと予想される．実際，以下の法則を示すことができる．

エネルギー等分配則

自由度 f の力学系のハミルトニアンが，

$$H(\{q_\mu\}, \{p_\mu\}) = \sum_{\mu=1}^{f} a_\mu p_\mu^2 + \sum_{1 \leq \substack{\mu \\ \mu'} \leq s} b_{\mu\mu'} q_\mu q_{\mu'} \quad (s \leq f) \quad (4.11)$$

の形をしているとする．ここで記号 $\sum_{1 \leq \substack{\mu \\ \mu'} \leq s}$ は，この和の中に $q_1, \cdots, q_s$ が1回は現れ，かつそれ以外の一般化座標は現れないということを示す．このとき，古典カノニカル統計による内部エネルギーは

$$E = (f + s)\frac{k_B T}{2} \quad (4.12)$$

となる．ただし，以下の条件が成立するものとする．

$$\begin{cases} \bullet \ q_1, \cdots, q_s \text{の変域は} (-\infty, \infty), \text{それ以外の } q_\mu \text{については系の内部} \\ \bullet \ a_\mu, b_{\mu\mu'} \text{は} \{q_\mu\} \text{および} \{p_\mu\} \text{に依存しない定数} \\ \bullet \ a_\mu > 0 \text{かつ行列} (b_{\mu\mu'}) \text{の固有値はすべて正（正定値行列）} \end{cases} \quad (4.13)$$

[証明] 粒子は見分けがつくとしても，見分けがつかないとしても結果に変わりはないので，ここでは見分けがつくものとして証明する．

全系の状態和は，

$$\begin{aligned} Z = &\frac{1}{h^f} \int dq_1 \cdots \int dq_f \int dp_1 \cdots \int dp_f \\ &\times \exp\left[-\beta\left\{\sum_{\mu=1}^{f} a_\mu p_\mu^2 + \sum_{1 \leq \substack{\mu \\ \mu'} \leq s} b_{\mu\mu'} q_\mu q_{\mu'}\right\}\right] \end{aligned} \quad (4.14)$$

で与えられる．被積分関数であるボルツマン因子の中の β が，この状態和の温度依存性を与えており，その結果内部エネルギーの温度依存性に導く．この温度依存性をわかりやすい形で取り出すには，以下のような変数変換を行うとよい．

$$\begin{cases} \sqrt{\beta} p_\mu = p_\mu^* & (1 \leq \mu \leq f) \\ \sqrt{\beta} q_\mu = q_\mu^* & (1 \leq \mu \leq s) \\ q_\mu = q_\mu^* & (s+1 \leq \mu \leq f) \end{cases} \qquad (4.15)$$

この変換を (4.14) 式に適用すると,

$$Z = \frac{1}{h^f} \left(\frac{1}{\sqrt{\beta}}\right)^{f+s} \int dq_1^* \cdots \int dq_f^* \int dp_1^* \cdots \int dp_f^* \qquad (4.16)$$

$$\times \exp\left[-\left\{\sum_{\mu=1}^{f} a_\mu p_\mu^{*2} + \sum_{1 \leq \substack{\mu \\ \mu'} \leq s} b_{\mu\mu'} q_\mu^* q_{\mu'}^*\right\}\right] \qquad (4.17)$$

となる.ここで,因子 $(1/\sqrt{\beta})^{f+s}$ は変数変換に伴うヤコビアン (Jacobian) である[*2].

この変数変換によって,積分の部分は温度に依存しない定数となる.積分の収束性は,条件に与えた $a_\mu > 0$ および行列 $(b_{\mu\mu'})$ の正値性によって保証される.したがって

$$Z = T^{(f+s)/2} \times (T \text{ に依存しない因子}) \qquad (4.18)$$

となるので,内部エネルギーの値として

$$\begin{aligned} E &= k_\text{B} T^2 \frac{\partial}{\partial T} \ln Z \\ &= k_\text{B} T^2 \frac{\partial}{\partial T} \left[\frac{f+s}{2} \ln T + \ln(T \text{ を含まない因子})\right] \\ &= \frac{1}{2}(f+s) k_\text{B} T \end{aligned} \qquad (4.19)$$

を得る.

〔証明終了〕

ハミルトニアン (4.11) 式は,行列 $(b_{\mu\mu'})$ を対角化する変換 $\{q_\mu\} \to \{q_\mu'\}$ によって,

---

[*2] q_μ $(s+1 \leq \mu \leq f)$ に対しても $q_1, \cdots, q_s$ と同じ変換を施すと,同じように変換のヤコビアンから $1/\sqrt{\beta}$ の因子が出る.しかしながらこれらの変数に対しては積分区間 (系のサイズ) が $\sqrt{\beta}$ 倍されるため,各一般化座標に関する積分の結果出る $\sqrt{\beta}$ の因子がヤコビアンから出る $1/\sqrt{\beta}$ の因子をキャンセルしてしまい,変数変換は結果に影響しない.

$$H(\{q'_\mu\}, \{p_\mu\}) = \sum_{\mu=1}^{f} a_\mu p_\mu^2 + \sum_{\mu=1}^{s} \lambda_\mu q'^2_\mu \tag{4.20}$$

のように対角化することができる．ここで，λ_μ は行列 $(b_{\mu\mu'})$ の固有値である．このように対角化されたハミルトニアンの表現を用いれば，エネルギー等分配則は以下のように標語的に表すことができる．

エネルギー等分配則（標語的）

古典統計による平衡状態において，対角化されたハミルトニアンの 2 次の項 1 個当たりに $k_\mathrm{B}T/2$ の内部エネルギーが分配される．

それぞれの一般化座標および一般化運動量の持つ特性（質量や振動数）などにかかわりなく，1 つの座標あるいは運動量当たり $k_\mathrm{B}T/2$ のエネルギーが等しく分配されるので，これを温度 T の系の熱エネルギーの目安として使うことができる．ただしこの性質は高温の古典統計が成り立つ領域でだけ正しく，低温になると変数に十分なエネルギーが行き渡らなくなり，1 つの変数当たりのエネルギーは $k_\mathrm{B}T/2$ よりも小さくなる．低温領域では比熱はエネルギー等分配則の予想する値と異なる振る舞いを見せるようになる（次節を参照）．

4.3 結晶の格子比熱の量子効果を取り入れた扱い

4.1 節では，古典カノニカル統計に従って結晶の格子比熱を計算し，それが物質によらず $C_V = 3nR$ となることを示した．この性質は，4.2 節で議論したエネルギー等分配則の帰結である．ところが，系の温度が下がるにつれて各座標と運動量に分配されるエネルギーは減ってくる．これは，エネルギー準位が離散的であり，粒子の状態を熱的に励起するには最低でもエネルギー準位間のエネルギー差だけの熱エネルギーが必要であるのに，低温では十分な熱エネルギーが確保できないという事情による．このような低温領域では，エネルギー準位の離散性を考慮した量子力学的な扱いが重要である．以下に述べる扱いは，固体の比熱のアインシュタイン (Einstein)・モデルと呼ばれる扱いである．

(4.3) 式の調和振動子系のハミルトニアンは，

$$H = \sum_{\mu=1}^{3N} h_\mu$$
$$h_\mu = \frac{1}{2m}p_\mu^2 + \frac{1}{2}m\omega^2 q_\mu^2 \qquad (4.21)$$

というように1自由度当たりのハミルトニアンの和の形に分解できる．量子力学によれば，この1自由度のハミルトニアンに対応するエネルギー準位は

$$\epsilon_n = \left(n + \frac{1}{2}\right)\hbar\omega \quad (n = 0, 1, 2, \cdots) \qquad (4.22)$$

となる．

ここでは，量子力学の帰結としてエネルギー準位が離散的になるという事実だけを使い，それ以外の粒子の統計性に関しては古典統計と同じく各粒子は独立にエネルギー準位を占めるものと考える[*3]．各振動子は独立だと仮定しているので，全系の状態和は

$$Z = z^{3N}$$
$$z = \sum_{n=0}^{\infty} e^{-\beta\epsilon_n} \quad (1\,自由度当たり状態和) \qquad (4.23)$$

で与えられる．ただし，粒子は結晶格子点に局在しているので，見分けられるものと考えた．

a. $k_B T \gg \hbar\omega$ の場合

この場合には，熱エネルギーはエネルギー準位の離散性に比べてずっと大きいので，粒子の持つ平均的な熱エネルギーのスケールで見るとエネルギー準位は連続的に分布しているように見える．したがって，(4.23) 式のエネルギー準位に関する和は，

$$\sum_{n=0}^{\infty} \to \frac{1}{h}\int dq \int dp \qquad (4.24)$$

のように積分に置き換えることが可能である．ここで，積分に現れた $1/h$ の因子は，離散的な和を積分に直すときのヤコビアンであり，図 4.2 に示されるように積分されるべき関数のグラフの下の面積を短冊の集団で近似するときの，

[*3] 量子統計に基づく正しい扱いは次章で述べる．

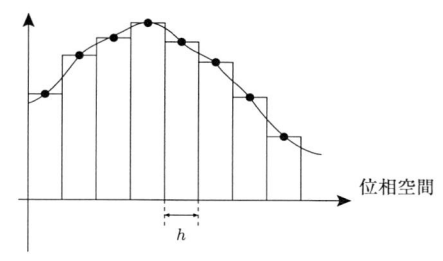

図 4.2 離散的な和で表される量は，離散値の間隔が狭い極限では積分で近似できる．

短冊の幅の逆数に相当している．(4.23) 式においてこのような和を積分に置き換える近似を行うと，結果は 4.1 節で議論したデュロン–プティの法則に一致する．

b.　$k_\mathrm{B}T \leq \hbar\omega$ の場合

上の場合とは逆に，この場合にはエネルギー準位の離散性は無視できず，(4.23) 式の和を計算する必要がある．調和振動子の場合には，この和は以下のように解析的に計算可能である．すなわち，

$$\begin{aligned}
z &= \sum_{n=0}^{\infty} e^{-\beta\epsilon_n} \\
&= \sum_{n=0}^{\infty} \exp\left[-\beta\left(n+\frac{1}{2}\right)\hbar\omega\right] \\
&= e^{-\frac{1}{2}\beta\hbar\omega} \sum_{n=0}^{\infty} \left[e^{-\beta\hbar\omega}\right]^n \\
&= e^{-\frac{1}{2}\beta\hbar\omega} \frac{1}{1-e^{-\beta\hbar\omega}} \\
&= \frac{1}{e^{\frac{1}{2}\beta\hbar\omega} - e^{-\frac{1}{2}\beta\hbar\omega}} \\
&= \left[2\sinh\left(\frac{1}{2}\beta\hbar\omega\right)\right]^{-1}
\end{aligned} \quad (4.25)$$

となるので，

$$Z = z^{3N} = \left[2\sinh\left(\frac{1}{2}\beta\hbar\omega\right)\right]^{-3N} \quad (4.26)$$

を得る．

この結果に公式 (3.131) 式を適用すると,
$$E = \frac{3}{2}N\hbar\omega \coth\left(\frac{1}{2}\beta\hbar\omega\right) \tag{4.27}$$
を得るので,結局この場合の定積比熱は
$$C_V = \left(\frac{\partial E}{\partial T}\right)_{V,N} = 3Nk_\mathrm{B}\left[\frac{\left(\dfrac{\hbar\omega}{2k_\mathrm{B}T}\right)}{\sinh\left(\dfrac{\hbar\omega}{2k_\mathrm{B}T}\right)}\right]^2 \tag{4.28}$$
となる.

このようにして得られた比熱の表式 (4.28) 式は,低温でのエネルギー準位の離散性の効果を考慮して求められたものであるが,当然高温の古典極限にも有効である.

- $\dfrac{\hbar\omega}{k_\mathrm{B}T} \ll 1$ のとき(高温)
  この場合には,
  $$\frac{x}{\sinh x} \to 1 \quad (x \to 0 \text{ のとき}) \tag{4.29}$$
  という性質を用いれば,(4.28) 式より $C_V \to 3Nk_\mathrm{B}$ というデュロン–プティの法則が再現される.

- $\dfrac{\hbar\omega}{k_\mathrm{B}T} \gg 1$ のとき(低温)
  この場合には
  $$\sinh x = \frac{e^x - e^{-x}}{2} \sim \frac{1}{2}e^x \quad (x \gg 1 \text{ のとき})$$
  という性質があるので,(4.28) 式より
  $$C_V \sim 3Nk_\mathrm{B}\left(\frac{\hbar\omega}{k_\mathrm{B}T}\right)^2 \exp\left(-\frac{\hbar\omega}{k_\mathrm{B}T}\right) \tag{4.30}$$

となる.温度を変えたときのこの比熱の関数の振る舞いを図 4.3 に示す.温度の低下とともに比熱が低下してゆくことがわかる.このような比熱の低下が起こり始める温度は
$$k_\mathrm{B}T^* = \hbar\omega \tag{4.31}$$

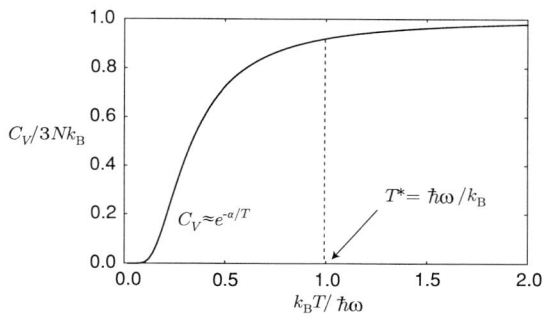

図 4.3 アインシュタイン・モデルによる調和振動子の系の低温での比熱の振る舞い

を満たす温度 T^* であり，熱のエネルギーとエネルギー準位間の間隔が等しくなる温度である．このような温度以下では，熱エネルギーはエネルギー準位間のエネルギー差に打ち勝って遷移を起こすことが困難になり，温度を上げても熱エネルギーの増大分はエネルギー準位を上げることには有効に使われない．これは，系が熱を吸収しないことを意味しており，比熱の急速な低下を招く．

このようにアインシュタイン・モデルに基づく理論計算式では，比熱は低温にて指数関数的に非常に急速に低下することが予言されるが，実際の実験の測定では比熱は低温で $C_V \sim T^3$ のようにべき的に減衰することが知られている．この理論と実験の不一致については，次章で解説するデバイ (Debye)・モデルを用いて解決される．

格子振動の比熱のアインシュタイン・モデル

(4.3) 式のハミルトニアンで表される格子振動のモデルの 1 自由度当たりのエネルギー準位を量子力学を用いて求めると，

$$\epsilon_n = \left(n + \frac{1}{2}\right)\hbar\omega \quad (n = 0, 1, 2, \cdots) \tag{4.32}$$

となる．この離散的なエネルギー準位を用いて古典統計の方法と同様に結晶の比熱を計算すると，(4.28) 式の比熱の式を得る．この比熱の式の低温での振る舞いは，

$$C_V \sim 3Nk_{\mathrm{B}} \left(\frac{\hbar\omega}{k_{\mathrm{B}}T}\right)^2 \exp\left(-\frac{\hbar\omega}{k_{\mathrm{B}}T}\right) \quad (4.33)$$

となり，低温で急速に減衰することがわかる（図 4.3）．この比熱のモデルはアインシュタイン・モデルと呼ばれる．

5 理想量子系の統計力学

本章では，相互作用のない理想系を対象として量子系の統計力学的に正確な扱い方を議論する．

5.1 量子統計の復習

量子統計に関しては第 3 章でごく簡単に述べたが，ここでいま一度内容を確認しておこう．

量子力学的な性質が統計力学の定式化に及ぼす影響には，以下の性質があげられる．

5.1.1 統計力学に現れる量子性
a. 不確定性原理
理想的な観測では，一般化座標 q と一般化運動量 p の誤差 Δq と Δp の間には

$$\Delta q \Delta p \geq h \tag{5.1}$$

という不確定性関係が成立し，この限界を超えて正確な測定は原理的に不可能である．この原理のために，f 自由度系の $2f$ 次元位相空間の体積 h^f の微小領域内は互いに区別ができず，位相空間は体積 h^f ごとの離散的な状態に分割される．

b. 同種粒子の不可弁別性
量子力学的には粒子は波動関数で表示され，粒子は波動関数の波束として表現される．2 つの同種粒子が接近して散乱するとき，散乱前後で粒子を識別す

ることは不可能である．このことから，局在していない限り同種の粒子は区別がつかない．この性質は，古典統計および量子統計においては以下のような方法で計算に取り入れられる．

$$\begin{cases} \text{古典統計　状態和 } Z \text{ に } 1/N! \text{の因子を導入することで補正．} \\ \text{量子統計　各1粒子微視状態（量子状態）に何個の粒子を} \\ \qquad\qquad \text{配るかで全系の微視的状態が決まる．} \end{cases} \quad (5.2)$$

c. 粒子の統計性

各粒子は以下の2種類の統計性のどちらか一方に従う．

$$\begin{cases} \text{ボーズ–アインシュタイン統計　同一の1粒子微視状態には任意の} \\ \qquad \text{(BE 統計)：} \qquad\qquad \text{個数の粒子が入ることができる．} \\ \text{フェルミ–ディラック統計　同一の1粒子微視状態には} \\ \qquad \text{(FD 統計)：} \qquad\qquad \text{最大1個の粒子しか入れない．} \end{cases} \quad (5.3)$$

これら2種類の統計性が存在することは，以下のようにして示すことができる．

[**証明**] N 粒子系の各粒子の状態を変数 $\xi_1, \xi_2, \cdots, \xi_N$ で表すものとする．ここで ξ_i は i 番目の粒子の状態を表す変数で，たとえば粒子の位置座標を $\mathbf{r}_i$，スピン変数を s_i とすれば，$\xi_i \equiv (\mathbf{r}_i, s_i)$ である．この系の状態は波動関数 $\psi(\xi_1, \xi_2, \cdots, \xi_N)$ で表される．

2つの波動関数 ψ_1 と ψ_2 があるとき，これら2つの波動関数が同一の状態を表しているかどうかは，これらが1次従属か1次独立かによって決まる[*1)]．すなわち，

$$\begin{cases} \text{ある複素数 } C \text{ に対して} \psi_1 = C\psi_2 & \Leftrightarrow \psi_1 \text{と} \psi_2 \text{は同一の状態} \\ \text{すべての複素数 } C \text{ に対して} \psi_1 \neq C\psi_2 & \Leftrightarrow \psi_1 \text{と} \psi_2 \text{は異なる状態} \end{cases} \quad (5.4)$$

となる．

同種粒子が見分けがつかないという性質を用いると，波動関数 $\psi(\xi_1, \cdots, \xi_N)$ の中で i 番目の粒子と j 番目の粒子が同種の粒子であれば，これらを入れ替えたとしても系の状態は変わらないはずである．したがって

[*1)] 波動関数は無限次元の線形空間（ヒルベルト空間）のベクトルに対応しており，状態の独立性はベクトルの線形独立性に相当する．

$$\psi(\cdots,\xi_i,\cdots,\xi_j,\cdots) = C\psi(\cdots,\xi_j,\cdots,\xi_i,\cdots) = C^2\psi(\cdots,\xi_i,\cdots,\xi_j,\cdots) \tag{5.5}$$

が成立する．これより

$$C^2 = 1 \quad \text{すなわち} \quad C = \pm 1 \tag{5.6}$$

でなくてはならないことになる．したがって

$$\psi(\cdots\xi_i\cdots\xi_j\cdots) = \pm\psi(\cdots\xi_j\cdots\xi_i\cdots) \tag{5.7}$$

となり，波動関数は粒子の入れ替えに対して符号を変えない場合と符号が逆転する場合の 2 種類があることがわかる．(5.7) 式で符号が変わらないものをボーズ–アインシュタイン (BE) 粒子，符号が反転するものをフェルミ–ディラック (FD) 粒子と呼ぶ．

〔証明終了〕

これらの粒子を同一の微視的状態に入れようとするとき，どのような現象が生じるかを見てみよう．i 番目の粒子と j 番目の粒子の状態 ξ_i と ξ_j がともに同一の状態 ξ であると仮定する．すなわち，$\xi_i = \xi_j = \xi$ であるとする．そうすると

$$\psi(\cdots\xi\cdots\xi\cdots) = \pm\psi(\cdots\xi\cdots\xi\cdots) \tag{5.8}$$

となるので，FD 粒子の場合には

$$\psi(\cdots\xi\cdots\xi\cdots) = 0 \tag{5.9}$$

となり，2 つの粒子が同じ状態に入る確率は 0 であることがわかる．このことから FD 粒子は同じ微視的状態に同時に 2 個入ることができない．この性質はパウリ (Pauli) の排他原理と呼ばれる．一方，BE 粒子の場合には (5.8) 式は恒等式となり，粒子の微視的状態への配り方に対してなんらの制限も与えない．したがって，BE 粒子は同じ状態を複数の粒子が占めることができる．

5.1.2 理想量子系の統計集団の方法

量子系では，5.1.1 項 b で述べた同種粒子が見分けられない効果のために，古典統計で用いる $i = 1, 2, \cdots, N$ のような粒子のインデックスは意味を持たず，

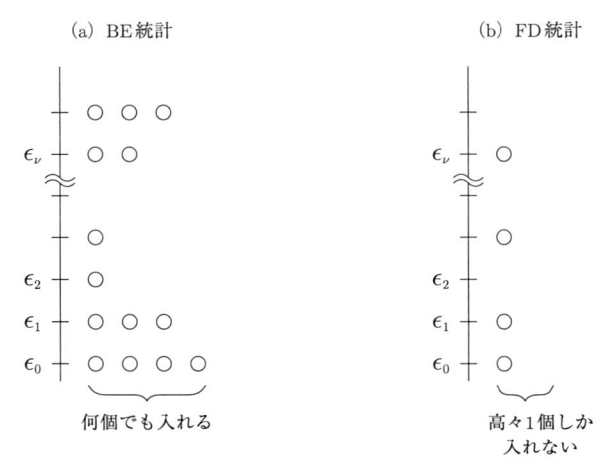

図 5.1 理想量子系における各粒子の微視的状態への配り方の例

各1粒子微視状態に何個の粒子が入っているかだけが重要になる．1粒子のエネルギー準位をインデックス $\nu = 0, 1, 2, \cdots$ で指定することとし，ν 番目のエネルギー準位のエネルギーを ϵ_ν とする．以後，議論を簡単にするために，エネルギーの基準点は基底状態のエネルギーにとることとする．すなわち，$\epsilon_0 = 0$ となるようにエネルギーの基準値を選ぶ．

図 5.1 に示すように ν 番目のエネルギー準位に入っている粒子の個数を n_ν とすると，BE 粒子では $n_\nu = 0, 1, 2, \cdots$ の任意の値がとれるのに対して，FD 粒子では $n_\nu = 0$ または 1 の値しかとることはできない．全系の微視的状態は，これら n_ν の組で表されることになる．

量子系の全系の微視的状態

理想量子系の全系の微視的状態 $\Leftrightarrow$ $j = (n_0^{(j)}, n_1^{(j)}, \cdots, n_\nu^{(j)}, \cdots)$
各エネルギー準位に分配された粒子の個数の組

このように量子系においては，各1粒子微視状態に粒子を配る配り方に強い制限が掛かることになる．たとえば，FD 粒子系の場合に系の全粒子数 N が固定されているとすれば，ある準位 ν に配られた粒子数 n_ν を1個増減させよう

とするときには，どこか別の準位 ν' の粒子数 $n_{\nu'}$ を同時に増減する必要が生じる．したがって量子系を扱う場合には，全粒子数 N を固定するミクロカノニカル集団やカノニカル集団は便利な方法ではなく，粒子数を可変にすることのできるグランドカノニカル集団を用いることが適切である．3.6.1 項 c で議論したように，平均値だけを議論する場合にはどの統計集団の方法を採用しても結果は同じとなるため，以下ではグランドカノニカル集団の方法を採用することとする．

5.2　理想量子系の統計集団の定式化

この節では，5.1.2 項で議論した量子統計における微視的状態への粒子の配り方の取り扱いに関する困難を取り除くために，3.7 節で導入したグランドカノニカル集団の方法を用いて理想量子系の統計力学の定式化を行う．

5.2.1　グランドカノニカル集団の復習

3.7 節で議論したように，T, V, μ が一定の系の平衡状態はグランドカノニカル集団で表現される．全系の微視的状態をインデックス j で表し，系の状態が j のときの系のエネルギーを E_j，全粒子数を N_j とすると，グランドカノニカル分布は

$$P_j = \frac{1}{\Xi} \exp\left[-\beta\left(E_j - \mu N_j\right)\right] \tag{5.10}$$

で与えられる．ここで Ξ は

$$\Xi = \sum_j \exp\left[-\beta\left(E_j - \mu N_j\right)\right] \tag{5.11}$$

で定義される大きな状態和である．大きな状態和 Ξ が求まれば，グランドカノニカル系に対応する熱力学ポテンシャルであるグランドポテンシャルは

$$\Omega = -PV = -k_\mathrm{B} T \ln \Xi \tag{5.12}$$

で求めることができる．ただし (2.21) 式を用いた．

3.7 節では，理想系に対して上記のグランドカノニカル分布から種々の熱力学関数の表式を導き出したが，その多くは古典統計の仮定を用いている．真に

量子統計に基づいた議論を行うためには，(5.10) 式および (5.11) 式に示された全系の微視的状態を用いた表現から出発する必要がある．

5.2.2 理想量子系のグランドカノニカル集団

5.1.2 項で議論したように，量子系の全系の微視的状態 j はインデックス ν で指定される各 1 粒子微視状態に割り振られた粒子の数 $n_\nu^{(j)}$ の組で指定され，

$$j = \left(n_0^{(j)}, n_1^{(j)}, \cdots, n_\nu^{(j)}, \cdots \right) \tag{5.13}$$

となる．理想系では系の全エネルギーはそれぞれの粒子の持つエネルギーの和になり，全粒子数はそれぞれの状態に割り振られた粒子数の和であるから，

$$\begin{aligned} E_j &= \sum_{\nu=0}^{\infty} \epsilon_\nu n_\nu^{(j)} \\ N_j &= \sum_{\nu=0}^{\infty} n_\nu^{(j)} \end{aligned} \tag{5.14}$$

となる．

(5.11) 式にこれらの関係式を代入すると

$$\begin{aligned} \Xi &= \sum_j \exp\left[-\beta\left(E_j - \mu N_j\right)\right] \\ &= \sum_j \exp\left[-\beta \sum_{\nu=0}^{\infty} (\epsilon_\nu - \mu) n_\nu^{(j)}\right] \\ &= \sum_{n_0} \cdots \sum_{n_\nu} \cdots \exp\left[-\beta \left\{(\epsilon_0 - \mu)n_0 + \cdots + (\epsilon_\nu - \mu)n_\nu + \cdots\right\}\right] \\ &= \sum_{n_0} \exp\left[-\beta(\epsilon_0 - \mu)n_0\right] \times \cdots \times \sum_{n_\nu} \exp\left[-\beta(\epsilon_\nu - \mu)n_\nu\right] \times \cdots \end{aligned} \tag{5.15}$$

のように変形することができるので，結局理想量子系の大きな状態和の表式は以下のようになる．

理想量子系の大分配関数

$$\Xi = \prod_{\nu=0}^{\infty} \sum_{n_\nu} \exp\left[-\beta(\epsilon_\nu - \mu)n_\nu\right] \qquad (5.16)$$

となる.

(5.16) 式は BE 統計および FD 統計のどちらにも使える式である. 両者の違いは各微視的状態に入ることのできる粒子数の制限の差から生まれる. 具体的には, (5.16) 式における粒子数 n_ν に関しての和を

$$\begin{aligned} \text{BE 統計} &\to \sum_{n_\nu=0}^{\infty} \\ \text{FD 統計} &\to \sum_{n_\nu=0}^{1} \end{aligned} \qquad (5.17)$$

とすることになる.

以下では, (5.17) 式の和の具体的な形を用いて BE 統計および FD 統計のそれぞれに対して平衡の分布関数を計算してゆく.

5.2.3 ボーズ–アインシュタイン統計とボーズ–アインシュタイン分布

a. 大きな状態和とグランドポテンシャル

(5.16) 式において和の部分に (5.17) 式の第 1 式を適用すると

$$\begin{aligned} \sum_{n_\nu=0}^{\infty} \exp\left[-\beta(\epsilon_\nu - \mu)n_\nu\right] &= \sum_{n_\nu=0}^{\infty} \{\exp\left[-\beta(\epsilon_\nu - \mu)\right]\}^{n_\nu} \\ &= \frac{1}{1 - \exp\left[-\beta(\epsilon_\nu - \mu)\right]} \end{aligned} \qquad (5.18)$$

となるので, 大きな状態和は

$$\Xi_{\text{BE}} = \prod_{\nu=0}^{\infty} \frac{1}{1 - \exp\left[-\beta(\epsilon_\nu - \mu)\right]} \qquad (5.19)$$

となる.

この大きな状態和の表式を用いると，グランドポテンシャルは

$$
\begin{aligned}
\Omega_{\mathrm{BE}} &= -k_{\mathrm{B}} T \ln \Xi_{\mathrm{BE}} \\
&= -k_{\mathrm{B}} T \ln \left[\prod_{\nu=0}^{\infty} \frac{1}{1 - \exp\left[-\beta(\epsilon_\nu - \mu)\right]} \right] \\
&= k_{\mathrm{B}} T \sum_{\nu=0}^{\infty} \ln \left\{ 1 - \exp\left[-\beta(\epsilon_\nu - \mu)\right] \right\}
\end{aligned}
\tag{5.20}
$$

となる．

b. BE 分布

グランドポテンシャルは

$$
d\Omega = -SdT - PdV - Nd\mu \tag{5.21}
$$

の関係を満たす．(5.20) 式を用いると，この系の全粒子数 N は

$$
\begin{aligned}
N &= -\left(\frac{\partial \Omega}{\partial \mu} \right)_{TV} \\
&= -\frac{\partial}{\partial \mu} \left[k_{\mathrm{B}} T \sum_{\nu=0}^{\infty} \ln \left\{ 1 - \exp\left[-\beta(\epsilon_\nu - \mu)\right] \right\} \right] \\
&= \sum_{\nu=0}^{\infty} \frac{1}{\exp\left[\beta(\epsilon_\nu - \mu)\right] - 1}
\end{aligned}
\tag{5.22}
$$

と計算される．この表式で与えられる全粒子数 N は，以下のように各微視的状態からの寄与の和で書くことができる．

ボーズ–アインシュタイン（BE）分布関数

$$
\begin{aligned}
N &= \sum_{\nu=0}^{\infty} \langle n_\nu \rangle \\
\langle n_\nu \rangle &= \frac{1}{\exp\left[\beta(\epsilon_\nu - \mu)\right] - 1}
\end{aligned}
\tag{5.23}
$$

(5.23) 式の第 2 式で与えられる $\langle n_\nu \rangle$ は ν 番目の微視的状態の粒子の平均占有数と考えることができる．この分布関数をボーズ–アインシュタイン (BE) 分

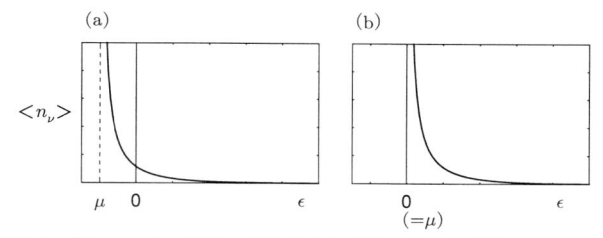

図 5.2 (a) $\mu < 0$ の場合の BE 分布と (b) $\mu \to 0$ の場合の BE 分布

布関数と呼ぶ.

ここに与えた BE 分布の導出は厳密なものではない.正確な計算を実行したいなら,グランドカノニカル分布

$$P_j = P(n_0, \cdots, n_\nu, \cdots) \tag{5.24}$$

を用いて ν 番目の 1 粒子微視状態の平均占有数 $\langle n_\nu \rangle$ を

$$\langle n_\nu \rangle = \sum_{n_0} \cdots \sum_{n_\nu} \cdots n_\nu P(n_0, \cdots, n_\nu, \cdots) \tag{5.25}$$

から計算すればよい.ν 番目以外の 1 粒子微視状態に関しては,この式の積分と確率分布 $P(n_0, \cdots)$ の規格化因子である大きな状態和 Ξ の間で同じ因子がキャンセルし,結局 (5.23) 式の形が正しいことが確認できる.

c. 化学ポテンシャルに対する制限

(5.23) 式の各状態の占有数 $\langle n_\nu \rangle$ は非負であることから

$$\langle n_\nu \rangle = \frac{1}{\exp\left[\beta(\epsilon_\nu - \mu)\right] - 1} \geq 0 \tag{5.26}$$

という条件が課せられることになる.この条件は,

$$\epsilon_\nu \geq \mu \quad (\text{すべての } \nu \text{ について}) \tag{5.27}$$

という条件と等価である.5.1.2 項で仮定したように $\epsilon_0 = 0$ なので,

$$\mu \leq 0 \quad (\text{BE 統計}) \tag{5.28}$$

となる.したがって BE 統計では化学ポテンシャルは常に負となる.図 5.2 に示すように,$\mu \to 0$ の極限においては基底状態 (ϵ_0) の占有数が発散する.後の節で議論するように,この発散が超伝導や超流動の原因であるボーズ–アイン

シュタイン凝縮を引き起こす重要な原因になっている*2).

5.2.4 フェルミ–ディラック統計とフェルミ–ディラック分布

FD 統計に対する計算は，前項の BE 統計に対する計算とほぼ同様である．(5.16) 式において和の部分に (5.17) 式の第 2 式を適用すると，

$$\begin{aligned}\Xi_{\mathrm{FD}} &= \prod_{\nu=0}^{\infty}\left\{\sum_{n_\nu=0}^{1}\exp\left[-\beta(\epsilon_\nu-\mu)n_\nu\right]\right\}\\ &= \prod_{\nu=0}^{\infty}\{1+\exp\left[-\beta(\epsilon_\nu-\mu)\right]\}\end{aligned} \quad (5.29)$$

となる．この結果より FD 統計のグランドポテンシャルは

$$\begin{aligned}\Omega_{\mathrm{FD}} &= -k_{\mathrm{B}}T\ln\Xi_{\mathrm{FD}}\\ &= -k_{\mathrm{B}}T\sum_{\nu=0}^{\infty}\ln\{1+\exp\left[-\beta(\epsilon_\nu-\mu)\right]\}\end{aligned} \quad (5.30)$$

となる．

BE 分布のときと同じように系の全粒子数を計算すると

$$N = -\left(\frac{\partial\Omega_{\mathrm{FD}}}{\partial\mu}\right)_{TV} = \sum_{\nu=0}^{\infty}\frac{1}{\exp\left[\beta(\epsilon_\nu-\mu)\right]+1} \quad (5.31)$$

となるので，以下の分布関数が得られる．

フェルミ–ディラック（FD）分布関数

$$\begin{aligned}N &= \sum_{\nu=0}^{\infty}\langle n_\nu\rangle\\ \langle n_\nu\rangle &= \frac{1}{\exp\left[\beta(\epsilon_\nu-\mu)\right]+1}\end{aligned} \quad (5.32)$$

この分布関数はフェルミ–ディラック (FD) 分布関数と呼ばれる．この分布が

---

*2) 化学ポテンシャルが 0 になれば必ずボーズ–アインシュタイン凝縮を起こすというわけではない．実際 1 次元系や 2 次元系ではボーズ–アインシュタイン凝縮は起こらない．このことは後ほど 5.6.2 項 e で議論される．

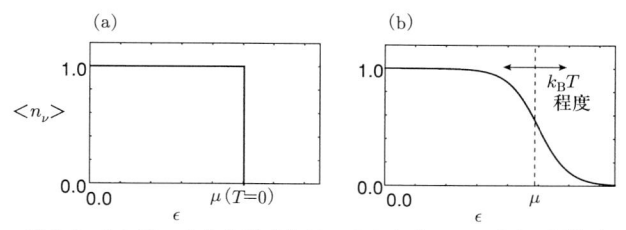

図 5.3 (a) $T=0$ および (b) $T>0$ における FD 分布の関数形

μ の値によらず，$0 \leq \langle n_\nu \rangle \leq 1$ を満たすことを確認するのは容易である．

$T=0$ および $T>0$ における FD 分布関数の関数形を図 5.3 に図示する．$T=0$ では系の内部エネルギーを最小にするために各粒子はできるだけ低いエネルギーを持つエネルギー準位に入ろうとするが，パウリの排他原理のために各状態には高々 1 個の粒子しか入れない．このため，もっとも内部エネルギーの低い状態は，基底状態から順々に粒子が 1 個ずつ詰まり，ある準位以上には粒子が入っていない状態（図 5.3(a)）になる．このとき，粒子の詰まった準位の中でもっともエネルギーの高い準位をフェルミ (Fermi) 準位と呼ぶ．(5.32) 式の第 2 式より明らかに，フェルミ準位は $T=0$ における化学ポテンシャル $\mu(T=0)$ に相当している．$T=0$ から少し温度が上がると，フェルミ準位から下にエネルギー幅が $k_\mathrm{B}T$ 程度の準位に入っている粒子が熱ゆらぎによって励起され，フェルミ準位より上の準位に遷移するようになる（図 5.3(b)）．フェルミ準位よりもずっとエネルギーの低い準位に入っている粒子を励起するためには，この粒子をフェルミ準位以上の準位に励起せねばならず，熱エネルギー $k_\mathrm{B}T$ では遷移に必要なエネルギーを与えることができないからである．このため，励起に必要なエネルギーが $k_\mathrm{B}T$ 程度のフェルミ準位近傍の粒子だけが励起されることになる．

5.2.5 基底状態と熱力学第 3 法則

5.2.2 項で議論したように，同種粒子が見分けがつかない効果のために量子系の全系の微視的状態は各 1 粒子の微視的状態に配られた粒子の個数だけを用いて指定される．カノニカル集団を考えれば，温度 T の平衡状態はヘルムホルツの自由エネルギー $F=E-TS$ が最小になる状態である．温度 $T=0$ のときにはエントロピーからの寄与がなくなるため，系は内部エネルギーを最小にす

る状態をとろうとする．BE 粒子の場合には同じ 1 粒子微視状態に何個でも粒子が入れるので，内部エネルギー最小の状態はすべての粒子が基底状態に入った状態である．これはボーズ–アインシュタイン凝縮を起こした状態に相当する (5.2.3 項 c の議論を参照)．一方 FD 粒子の場合には，各 1 粒子微視状態には 1 個までしか粒子が入れないので，内部エネルギー最低の状態は図 5.3(a) に示したように基底状態からフェルミ準位までの準位に 1 個ずつ粒子が入り，フェルミ準位以上の準位が空になった状態である．

BE 粒子，FD 粒子いずれの場合にも，内部エネルギー最低の状態に対応する全系の微視状態の数はたった 1 つであることに注意してほしい．これは同種の粒子が区別できないことの帰結である．したがって (3.64) 式のボルツマンの原理により，$T=0$ のおけるエントロピーは $S=0$ となる．これは 2.4.4 項で議論した熱力学第 3 法則に他ならない．

熱力学第 3 法則には例外がある．それは基底状態が非常に高度に縮退している場合である．たとえば氷を考えてみよう．氷は H_2O 分子が規則正しく配列した状態である．低温の氷においては水素原子は特定の酸素原子と結びついているのではなく，隣り合う結晶格子点にある 2 つの酸素原子の間に作られるポテンシャルの 2 つの安定点の間を行き来している．どの水素原子にとっても 2 つの安定点は対等である．N 個の水素原子がある場合，近接する水素原子の位置に関する相関を無視すれば，基底状態は $W=2^N$ 個の異なる微視状態が縮退した状態になる．この場合 $T=0$ においても系は $S=k_B \ln W = N k_B \ln 2$ だけのエントロピーを持つことになる．

5.3 理想ボーズ–アインシュタイン気体の例
―光子気体とフォノン気体―

本節では，理想 BE 気体の例として黒体輻射に相当する理想光子気体の解析を行うとともに，4.1 節と 4.3 節で古典統計の方法を用いて解析した結晶の格子振動の問題を量子統計を用いて議論する．

5.3.1 光子気体と黒体輻射
a. 光子と黒体輻射

温度が一定の空洞中では，壁面の原子の熱振動により電磁波が生成・吸収され，一定の平衡状態が実現する．この系にごく小さな穴を開けて，内部の熱平衡を乱さないようにしながら電磁波を取り出すと，電磁波の平衡分布を観測することができる．このような閉じた系における電磁波の平衡分布を黒体輻射と呼ぶ．

電磁波の量子化された概念は光子（フォトン）なので，黒体輻射とは閉じた系における光子の理想気体の平衡分布であると考えることができる．角振動数 ω，波数ベクトル $\mathbf{k}$ の電磁波は，運動量 $\mathbf{p} = \hbar \mathbf{k}$，エネルギー $\epsilon = \hbar\omega = c|\mathbf{p}|$，の粒子 (光子) である．ここで，$\hbar$ はプランク定数 h を 2π で割ったものであり，c は光速度である．光子の特徴は，

$$\begin{cases} \text{スピン} 1 & \rightarrow \text{BE 粒子} \\ \text{静止質量} 0 & \rightarrow \text{生成・消滅のため粒子数は可変} \end{cases}$$

で表せる．

光子と黒体輻射

- 光子は電磁波の量子化された概念であり，スピンが 1 の BE 粒子として振る舞う．
- 光子は静止質量が 0 なので，孤立系であっても生成・消滅によりその粒子数を変化させる．
- 黒体輻射とは，温度一定の閉じた系において実現される光子の集団の作る理想 BE 気体の平衡分布に相当する．

---

b. 光子気体の固有モードと状態密度

光子気体の平衡分布とは，波数および角振動数の異なる光子（電磁波）の重ね合わされた状態である．図 5.4 に示すように，有限の大きさの系では境界条件のために電磁波の波数（あるいは波長）は離散的な値だけが許される．これらは電磁波の固有モードと呼ばれ，光子の 1 粒子微視状態に相当する．図 5.4

波長　　　　$2L$　　　　　　　$(1/2)\times 2L$　　　　　　$(1/3)\times 2L$

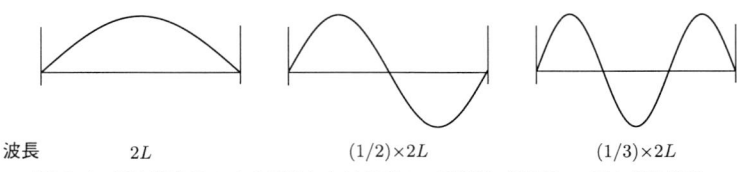

図 5.4 固定端条件の 1 次元系における種々の電磁波（光子）の固有振動状態

において系の長さを L として両端固定の境界条件を仮定すると，それぞれの固有モードの波長は $2L$, $(1/2)\times 2L$, $(1/3)\times 2L$, $\cdots$ のようになる．したがってもっとも波長の長い固有モードの波数を $2\pi/(2L) = \pi/L \equiv k_0$ と書けば，各固有モードの波数は，$k_0, 2k_0, 3k_0, \cdots$ となり，波数の空間に間隔 $k_0 = \pi/L$ で等間隔に分布していることがわかる．また系の両端固定の条件のため，各固有モードは系の両端を節とする定在波となる．このような定在波では，波数 k と $-k$ のモードは位相が反転しているだけで本質的に同じモードであることに注意しなくてはならない[*3]．

図 5.4 の考察を 3 次元に拡張すると，$\mathbf{k} \equiv (k_x, k_y, k_z)$ の 3 次元波数ベクトル空間において，各軸方向には図 5.4 の 1 次元系と同じ状況が実現する．したがって，固有モードは 3 次元 $\mathbf{k}$ 空間の格子点上に等間隔に分布していることになる．1 個の固有モード（微視的状態）当たりの波数空間の体積は

$$|\Delta \mathbf{k}| = \frac{\pi}{L_x} \times \frac{\pi}{L_y} \times \frac{\pi}{L_z} = \frac{\pi^3}{V} \tag{5.33}$$

となる．ここで L_x, L_y, L_z は x, y, z の各軸方向の系のサイズであり，$V = L_x L_y L_z$ は系の体積である．固定端条件のために $k_x \geq 0$, $k_y \geq 0$, $k_z \geq 0$ の条件で指定される $\mathbf{k}$ 空間の $1/8$ の領域だけが独立なモードを表していることに注意してほしい．

波数の大きさを $k \equiv |\mathbf{k}|$ と定義するとき，

$$g(k)dk \equiv \left\{ \begin{array}{l} [k, k+dk] \text{ の区間に存在する} \\ \text{微視的状態（固有モード）の数} \end{array} \right\} \tag{5.34}$$

と定義する．この $g(k)$ は波数空間での状態密度と呼ぶ．図 5.5 に示したように $g(k)dk$ は，$\mathbf{k}$ 空間の原点を中心とした半径 k の球面上の厚み dk の球殻内の微視的状態数に相当する．(5.34) 式の定義より

[*3]　進行波の場合には，k と $-k$ のモードは進行方向が逆の異なるモードになる．

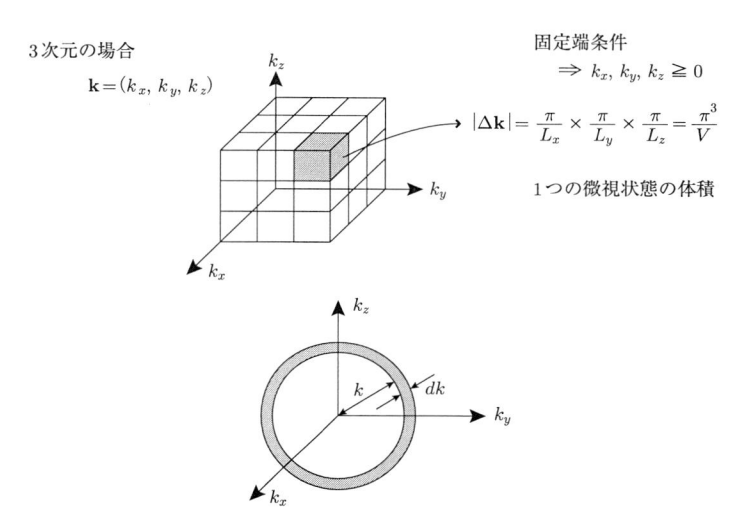

5.3 理想ボーズ-アインシュタイン気体の例

図 5.5 電磁波の波数空間における状態密度の概念図

$$g(k)dk = \frac{\text{球殻の体積}}{1\,\text{状態当たりの体積}} = \frac{(1/8) \times 4\pi k^2 dk}{\dfrac{\pi^3}{V}} \tag{5.35}$$

となる．球殻の体積の計算に現れた 1/8 の因子は固定端境界によって独立なモードの存在する空間が制限されている効果である．結局，状態密度は

$$g(k)dk = \frac{Vk^2}{2\pi^2}dk \tag{5.36}$$

となる．角振動数 ω と波数 k の間に成り立つ $\omega = ck$ の関係を使うと，角振動数の空間で書いた状態密度は

$$g(\omega)d\omega = \frac{V\omega^2}{2\pi^2 c^3}d\omega \tag{5.37}$$

となる．

この (5.37) 式の計算においては，同じ角振動数を持つ複数の電磁波の固有モードが存在するという縮退の効果を考慮していない．実際，電磁波には同じ角振動数を持ち振動の方向が互いに直交する 2 つの独立な横波のモードが存在している．この縮退の効果を考慮すると (5.37) 式に縮退の因子 2 が掛かり，

$$g(\omega)d\omega = \frac{V\omega^2}{\pi^2 c^3}d\omega \tag{5.38}$$

となる（縮退に関する正確な取り扱いについては，5.4 節を参照）．

c. 光子気体の化学ポテンシャル

光子の生成・消滅によって光子の粒子数は変化できる．このような状況では以下の性質を示すことができる．

光子気体の化学ポテンシャルと光子気体の分布関数

光子気体は粒子が生成・消滅できるため，化学ポテンシャルは 0 になる．

[証明] 3.7 節で議論したように，化学ポテンシャル μ は注目する系と粒子溜めとの間での粒子のやり取りを制御して，注目する系の平均粒子数を一定に保つためのラグランジュの未定定数であった．そして 3.7.1 項 e では，全体として粒子数が保存したカノニカル集団を考え，その一部分が残りの部分と粒子をやり取りすると考えることでグランドカノニカル集団を導出できることを示した．このことから，粒子数に対するラグランジュの未定定数としての化学ポテンシャルが生じる原因は，注目する系と粒子溜めとの間で全粒子数の保存則が成立していることであることがわかる．各部分系（注目する系および粒子溜め）の化学ポテンシャルは，その部分系から粒子を押し出そうとする熱力学的な力を現している．粒子数の保存則のために，粒子は化学ポテンシャルの高い部分系から化学ポテンシャルの低い部分系に移動する．2 つの部分系の化学ポテンシャルが等しくなれば両者の間で平衡が達成され，粒子は平均としては移動しなくなる．これがグランドカノニカル集団における平均粒子数が調整される原理である．

一方で光子気体を考えると，エネルギーさえあれば光子が生成・消滅できることから上記のような注目する系と粒子溜めの間での全粒子数の保存則は成立しない．したがって粒子数保存則に相当するラグランジュの未定定数である化学ポテンシャルは必要がなくなり，$\mu = 0$ と考えることができる．

〔証明終了〕

d. 平均占有数と各種物理量の分布関数

(5.23) 式の BE 分布において $\mu = 0$ とおくと,

$$\langle n_\nu \rangle = \frac{1}{e^{\beta \epsilon_\nu} - 1} = \frac{1}{e^{\beta \hbar \omega} - 1} \equiv \langle n_\nu(\omega) \rangle \tag{5.39}$$

となる．これが理想光子気体における各微視的状態（固有モード）における光子の平均占有数になる．

角振動数が $[\omega, \omega + d\omega]$ の区間にある光子の数を $N(\omega)d\omega$ とすると

$$\begin{aligned}
N(\omega)d\omega &= [\omega, \omega + d\omega] \text{ に存在する光子数} \\
&= ([\omega, \omega + d\omega] \text{ に存在する微視的状態数}) \\
&\quad \times (\text{角振動数 } \omega \text{ の状態の平均占有数}) \\
&= g(\omega)d\omega \times \langle n(\omega) \rangle
\end{aligned} \tag{5.40}$$

となるので,

$$N(\omega)d\omega = \frac{g(\omega)d\omega}{e^{\beta \hbar \omega} - 1} \tag{5.41}$$

を得る．

(5.41) 式と同様にしてエネルギーの分布は

$$\begin{aligned}
E(\omega)d\omega &= [\omega, \omega + d\omega] \text{ に存在する光子のエネルギー} \\
&= \hbar \omega \times ([\omega, \omega + d\omega] \text{ に存在する微視的状態数}) \\
&\quad \times (\text{角振動数 } \omega \text{ の状態の平均占有数}) \\
&= \hbar \omega g(\omega)d\omega \times \langle n(\omega) \rangle
\end{aligned} \tag{5.42}$$

で計算されるので,

$$E(\omega)d\omega = \frac{\hbar V}{\pi^2 c^3} \frac{\omega^3 d\omega}{e^{\beta \hbar \omega} - 1} \tag{5.43}$$

となる．この関係式はプランクの輻射公式と呼ばれる．

また, (5.43) 式を角振動数に関して積分すると系の全エネルギー E_{tot} が求まるが, それは

$$E_{\text{tot}} = \int_0^\infty E(\omega)d\omega = \frac{\pi^2 V}{15} \frac{(k_B T)^4}{(\hbar c)^3} \tag{5.44}$$

となる．ここで，積分公式

$$\int_0^\infty \frac{x^3}{e^x - 1} dx = \frac{\pi^4}{15} \tag{5.45}$$

を用いた．(5.44) 式は，輻射の全エネルギーが温度の 4 乗に比例することを示している．この性質はステファン–ボルツマン（Stefan–Boltzmann）の法則と呼ばれる．

5.3.2 フォノン気体

4.3 節において，結晶の格子振動のモデルに対して量子補正（エネルギー準位の離散性）を取り入れた古典統計の方法（アインシュタイン・モデル）を適用し，低温で比熱が低下することを見た．理論は温度の低下とともに比熱が指数関数的に低下することを予想するが，実際の実験は温度のべき乗に依存するようなゆっくりとした低下を示す．この理論と実験の不一致を解決するためには，格子振動をアインシュタイン・モデルで仮定されるような同一の角振動数を持つ振動子の集まりと考えるのではなく，多数の原子が関与する多体系の運動である格子振動をまじめに取り扱う必要がある．本項では，そのような問題を量子統計の方法を用いて解析する．

a. フォノンの固有モードと状態密度

結晶の格子振動は，前節の光子気体の場合に考察した電磁波の固有モードと同様に，種々の角振動数を持つ固有モードの重ね合わせになっている．このような結晶の弾性振動は，量子化によってフォノンと呼ばれる粒子で表示される．フォノンはスピンが 1 の BE 粒子であり，フォノン同士の散乱を考えなければ理想 BE 気体とみなすことができる．また，光子の場合と同様，フォノンは生成・消滅することができるため，その粒子数は保存しない．したがって，5.3.1 項 c で議論した光子と同様，フォノン気体の化学ポテンシャルは 0 となる．

フォノンの状態密度を計算するために，フォノンの固有モードを求める．フォノンの固有モードの計算法は光子気体の場合とまったく同じである（図 5.4 参照）．光子気体とフォノン気体の相違点をまとめると以下のようになる．

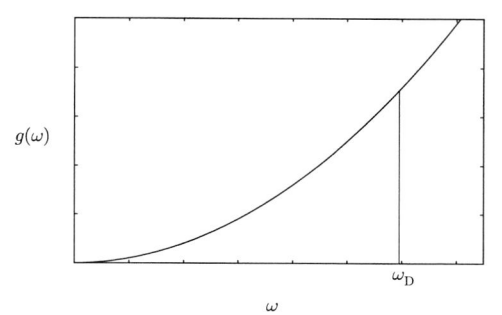

図 **5.6** フォノンには角振動数の上限値が存在する

光子気体	フォノン気体
横波 2 個　光速 c	横波 (transverse) 2 個　音速 v_t 縦波 (longitudinal) 1 個　音速 v_l
ω に上限なし	結晶を構成する原子数によって ω に上限が存在
粒子数非保存 ($\mu = 0$)	粒子数非保存 ($\mu = 0$)

(5.46)

光子気体とフォノン気体のもっとも大きな差は，フォノン気体の固有モードの数が結晶を構成する原子の持つ自由度の個数と同じく有限であることから，固有モードとして可能な角振動数に上限があることである（図 5.6）．(5.37) 式の結果を用いれば，フォノン気体の状態密度は

$$g(\omega)d\omega = \frac{V}{2\pi^2}\left(\frac{2}{v_\text{t}^3} + \frac{1}{v_\text{l}^3}\right)\omega^2 d\omega \tag{5.47}$$

となることがわかる．ここで，角振動数 ω のフォノンには横波 2 個と縦波 1 個の合計 3 個の独立なモードが存在し，横波と縦波で音速が異なることを考慮した．

結晶が N 個の原子から構成されている場合，独立なフォノン・モードの数は $3N$ 個になるはずである[*4)]．(5.47) 式を用いてフォノン・モードの総数を計算すると，フォノンの角振動数の上限 ω_D は

[*4)] より正確には，結晶全体の並進の 3 自由度および結晶全体の回転の 3 自由度の合計 6 自由度は格子振動には寄与しないので，独立なフォノン・モードの数は $3N - 6$ である．

$$\int_0^{\omega_{\rm D}} g(\omega)d\omega = 3N \tag{5.48}$$

を満たさなくてはならない．すなわち，結晶格子の離散性のために，$\omega_{\rm D}$ を超える角振動数を持つフォノンの固有モードは存在できないということである．これは，結晶の格子定数よりも短い波長の弾性波が意味をなさないということから理解できるであろう．この関係式を $\omega_{\rm D}$ に関して解けば，

$$\omega_{\rm D}^3 = \frac{18N\pi^2}{V}\left(\frac{2}{v_{\rm t}^3} + \frac{1}{v_{\rm l}^3}\right)^{-1} \tag{5.49}$$

を得る．この振動数をデバイ (Debye) 振動数と呼ぶ．

b. フォノン気体の全エネルギー

(5.44) 式の格子気体の場合と同様にフォノン気体の全エネルギーを求めると

$$E = \int_0^{\omega_{\rm D}} E(\omega)d\omega = \int_0^{\omega_{\rm D}} \hbar\omega \frac{g(\omega)d\omega}{e^{\beta\hbar\omega} - 1} \tag{5.50}$$

となるので，(5.47) 式を用いれば

$$E = 9Nk_{\rm B}T\left(\frac{T}{\Theta_{\rm D}}\right)^3 \int_0^{\Theta_{\rm D}/T} \frac{x^3}{e^x - 1}dx \tag{5.51}$$

となる．ただし，簡単のために零点エネルギーの寄与は省略した．ここで

$$\Theta_{\rm D} \equiv \frac{\hbar\omega_{\rm D}}{k_{\rm B}} \tag{5.52}$$

はデバイ温度と呼ばれる温度である．

c. $T \gg \Theta_D$ の場合（高温比熱）

この場合には，$\Theta_{\rm D}/T \ll 1$ である．このとき $x \ll 1$ に対して成立する近似式 $e^x \sim 1 + x + \mathcal{O}(x^2)$ を用いると[*5)]，

$$\int_0^{\Theta_{\rm D}/T} \frac{x^3}{e^x - 1}dx \sim \int_0^{\Theta_{\rm D}/T} \frac{x^3}{(1+x) - 1}dx \sim \frac{1}{3}\left(\frac{\Theta_{\rm D}}{T}\right)^3 \tag{5.53}$$

となる．したがって (5.51) 式より

[*5)] 記号 $\mathcal{O}(x^2)$ は，$x \to 0$ のときに x^2 と同じ速さで 0 になる量を表している．

$$E = 3Nk_\mathrm{B}T \tag{5.54}$$

となり，デュロン–プティの法則が再現される．

d. $T \ll \Theta_\mathrm{D}$ の場合（低温比熱）

温度がデバイ温度に比べて十分に低温の場合には $\Theta_\mathrm{D}/T \gg 1$ であるので，(5.51) 式の積分の上限を ∞ まで伸ばしても実質的に積分値は変わらない．したがって，

$$\int_0^{\Theta_\mathrm{D}/T} \frac{x^3}{e^x-1}dx \sim \int_0^\infty \frac{x^3}{e^x-1}dx \sim \frac{\pi^4}{15} \tag{5.55}$$

となる．最後の変形には積分公式を用いた．このとき，系の内部エネルギーは

$$E = \frac{3}{5}\pi^4 Nk_\mathrm{B}T\left(\frac{T}{\Theta_\mathrm{D}}\right)^3 \propto T^4 \tag{5.56}$$

となるので，これを温度で微分することにより

$$C_V \sim T^3 \tag{5.57}$$

となり，実験で観測されたように低温で比熱が温度の 3 乗のべきに比例するという性質が再現できる．この比熱の性質をデバイの T^3 法則と呼ぶ．また，本節で展開されたモデルはデバイ・モデルと呼ばれる．

5.4 縮退のある量子系の扱い（BE・FD 統計共通）

いままでは各エネルギー準位には 1 個の微視的状態が対応していると仮定してきた．しかし実際には，1 つのエネルギー準位が複数の微視的状態に対応することはごく普通のことである．たとえば電子はスピン 1/2 を持っており，スピンが+1/2 の状態と −1/2 の状態が存在して同一のエネルギーを持つことができる．したがって電子の系では，各 1 粒子のエネルギー準位には異なるスピン状態を持つ 2 つの微視的状態が対応している．このように 1 つのエネルギー準位に複数の微視的状態が対応するときに，その準位は縮退しているといい，対応する微視的状態の数を縮退度という．一般にスピンが σ の粒子では $\mathscr{S} = 2\sigma + 1$ 個の異なるスピンの状態が同じエネルギーを持つ．

スピンと縮退

スピン σ の粒子
$\Downarrow$
$\mathscr{S} = 2\sigma + 1$ 個の異なるスピン状態が同一のエネルギーを持つ ($\mathscr{S}$ 重縮退).

このように縮退のある系では,5.2.2 項で求めた大きな状態和の計算に縮退の効果を取り入れて修正する必要がある.(5.16) 式の非縮退系の大きな状態和を $\Xi^{(1)}$ と書くことにしよう.上付き添え字の (1) は $\mathscr{S} = 1$ を示している.(5.15) 式により

$$\begin{aligned}
\Xi^{(1)} &= \sum_j \exp\left[-\beta\left(E_j - \mu N_j\right)\right] \\
&= \sum_j \exp\left[-\beta \sum_{\nu=0}^{\infty} (\epsilon_\nu - \mu) n_\nu^{(j)}\right]
\end{aligned} \tag{5.58}$$

となる.状態和を計算する際には,ボルツマン因子を全系の各微視的状態について足し上げる必要があることに注意する.縮退系では,縮退している微視的状態のそれぞれについて同一のボルツマン因子を縮退度の数だけ足し上げることになる.したがって $\mathscr{S}$ 重縮退の場合には,(5.58) 式において

$$\begin{array}{c} n_\nu \to n_{\nu s} \\ \sum_{\nu=0}^{\infty} \to \sum_{\nu=0}^{\infty} \sum_{s=1}^{\mathscr{S}} \end{array} \tag{5.59}$$

と置き換えを行えばよい.この結果,$\mathscr{S}$ 重縮退系の大きな状態和は

$$\begin{aligned}
\Xi^{(\mathscr{S})} &= \sum_j \exp\left[-\beta \sum_{\nu=0}^{\infty} \sum_{s=1}^{\mathscr{S}} (\epsilon_\nu - \mu) n_{\nu s}^{(j)}\right] \\
&= \left(\sum_{n_{01}} \cdots \sum_{n_{0\mathscr{S}}}\right) \left(\sum_{n_{11}} \cdots \sum_{n_{1\mathscr{S}}}\right) \cdots \exp\left[-\beta \sum_{\nu=0}^{\infty} \sum_{s=1}^{\mathscr{S}} (\epsilon_\nu - \mu) n_{\nu s}\right]
\end{aligned}$$

$$= \prod_{\nu=0}^{\infty} \prod_{s=1}^{\mathscr{S}} \left\{ \sum_{n_{\nu s}} \exp\left[-\beta\left(\epsilon_{\nu} - \mu\right) n_{\nu s}\right] \right\} \tag{5.60}$$

となる．この計算において，ν 番目のエネルギー準位のエネルギー ϵ_{ν} がスピン変数 s の値に依存しないことを用いた．

このように求まった大きな状態和を用いると，グランドポテンシャルは

$$\begin{aligned}\Omega^{(\mathscr{S})} &= -k_{\rm B}T \ln \Xi^{(\mathscr{S})} \\ &= -k_{\rm B}T \sum_{\nu=0}^{\infty} \sum_{s=1}^{\mathscr{S}} \ln\left\{\sum_{n_{\nu s}} \exp\left[-\beta\left(\epsilon_{\nu}-\mu\right) n_{\nu s}\right]\right\}\end{aligned} \tag{5.61}$$

となるので，(5.20) 式および (5.30) 式と同様の計算により

$$\Omega^{(\mathscr{S})} = \pm k_{\rm B}T \sum_{\nu=0}^{\infty} \sum_{s=1}^{\mathscr{S}} \ln\left\{1 \mp \exp\left[-\beta\left(\epsilon_{\nu}-\mu\right)\right]\right\} \tag{5.62}$$

を得る．ここで，複合は上側が BE 統計，下側が FD 統計である．

グランドポテンシャルから各微視状態 (ν, s) の平均占有数を求めると

$$\begin{aligned}N &= -\left(\frac{\partial \Omega^{(\mathscr{S})}}{\partial \mu}\right)_{TV} \\ &= \sum_{\nu=0}^{\infty} \sum_{s=1}^{\mathscr{S}} \frac{1}{\exp\left[\beta\left(\epsilon_{\nu}-\mu\right)\right] \mp 1}\end{aligned} \tag{5.63}$$

となるので，

$$\langle n_{\nu s} \rangle = \frac{1}{\exp\left[\beta\left(\epsilon_{\nu}-\mu\right)\right] \mp 1} \tag{5.64}$$

を得る．複合は $-$ が BE 統計，$+$ が FD 統計である．この結果は，微視的状態 (ν, s) の平均占有数がスピン変数 s に依存しないことを示している．したがって，状態密度 $g(\omega)$ は単に縮退度 $\mathscr{S}$ が乗じられるだけとなり，

$$\text{非縮退系} \quad g(\omega)d\omega \quad \Rightarrow \quad \mathscr{S} \text{重縮退系} \quad \mathscr{S} g(\omega)d\omega \tag{5.65}$$

となる．

本節ではスピンの効果による縮退を議論したので，縮退度 $\mathscr{S}$ がエネルギー準位 ν によらず一定であった．しかしながらより一般的な場合として，エネルギー準位ごとに異なる縮退度を持っている場合が考えられる．そのような場合

には，ν 番目のエネルギー準位の縮退度を g_ν とすれば，(5.62) 式において

$$\sum_\nu \sum_{s=1}^{\mathscr{S}} \to \sum_\nu g_\nu \tag{5.66}$$

と書き換えられることになる．

5.5 理想フェルミ–ディラック気体の例
—電子気体—

5.5.1 伝導電子と理想フェルミ–ディラック気体

固体の低温比熱が T^3 に比例していることを 5.3.2 項で議論したが，この固体が金属性の場合には，非常に低温で比熱 C の温度依存性が $C \sim T^3$ から $C \sim T$ に変わることが知られている．これは，金属中に存在する多数の伝導電子からの寄与によるものである．金属中の伝導電子は，結晶を構成する陽イオンの作る周期的なポテンシャル中を運動している．ブロッホ (Bloch) の定理により，周期的なポテンシャル中を運動する量子的な粒子は周期ポテンシャルの影響を受けることなく自由に運動することができる．したがって，伝導電子の密度が低く，電子同士の散乱が無視できるような状況では，伝導電子の集団は理想 FD 気体とみなすことができる．また前節で議論したように電子はスピンが $\sigma = 1/2$ であるので，各エネルギー準位は $\mathscr{S} = 2\sigma + 1 = 2$ 重に縮退している．

伝導電子と理想 FD 気体

粒子間の散乱の効果が無視できる伝導電子系は，縮退度 $\mathscr{S} = 2$ の理想 FD 気体とみなすことができる．

以下では，伝導電子の集団を縮退度 $\mathscr{S} = 2$ の理想 FD 気体とみなして，低温の比熱を計算で求めてみる．

5.5.2 電子のフェルミ–ディラック分布と状態密度

(5.64) 式により，この系の平均占有数は

5.5 理想フェルミ–ディラック気体の例

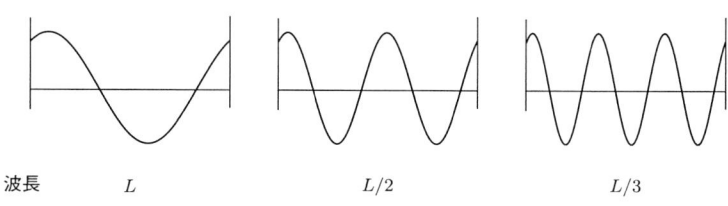

波長　　　L　　　　　　　　$L/2$　　　　　　　　$L/3$

図 **5.7** 理想気体の固有状態（周期境界条件の場合）

$$\langle n_{\nu s}\rangle = \frac{1}{\exp\left[\beta\left(\epsilon_\nu - \mu\right)\right] + 1} \equiv f(\epsilon_\nu) \tag{5.67}$$

となる．

図 5.7 に示すように，電子の波動関数の固有状態は光子気体やフォノン気体の場合とまったく同じようにして求めることができる．今回は，固定端境界条件ではなく周期境界条件を用いて計算してみる．周期境界条件とは，系の一端がもう一方の端と物理的につながれていると仮定する境界条件で，有限系の端の効果をできるだけ取り除きたいときに用いられる境界条件である（今回の例では，最終的な結果は周期境界条件と固定端境界条件の場合と同じであることがわかる）．

図 5.7 のシステムの長さを L とすると，図の左から順に波長が $L, L/2, \cdots$ となるので，波数は $\pm 2\pi/L, \pm 2\times 2\pi/L, \cdots$ となる．ここで $\pm$ がついているのは，周期境界条件を課せられた系では進行する波が存在することができ，波数が正の固有状態と波数が負の固有状態は互いに逆方向に進む異なる波のモードに対応していることを示している．

このことから，3 次元波数空間 $\mathbf{k} \equiv (k_x, k_y, k_z)$ において固有状態（微視的状態）は，n_x, n_y, n_z を任意の整数値として

$$\begin{aligned}\mathbf{k} &= \left(\frac{2\pi}{L_x}n_x, \frac{2\pi}{L_y}n_y, \frac{2\pi}{L_z}n_z\right)\\ &\quad (n_x, n_y, n_z = 0, \pm 1, \pm 2, \cdots)\end{aligned} \tag{5.68}$$

のように格子点上に分布していることがわかる．したがって，波数空間において体積 $(2\pi)^3/V$ の領域当たりに 1 個の微視的状態が存在することになる．ここで $V = L_x L_y L_z$ は系の体積である．固定端境界条件の場合とは異なって，周期境界条件の場合には微視的状態は波数空間の全領域に分布していることに注意しよう．このように周期境界条件では，微視的状態の存在する空間が固定端条

件のときの 8 倍になるが，一方で 1 個の微視的状態当たりの空間の体積が 8 倍になっており，全体として微視的状態の総数は同一になっている．

量子力学によると，質量 m の粒子が波数ベクトル $\mathbf{k}$ の状態にあるときのエネルギーは

$$\epsilon = \frac{1}{2m}\hbar^2|\mathbf{k}|^2 \tag{5.69}$$

で与えられるので，この関係を用いて波数空間中の状態密度をエネルギー空間での状態密度に変換することができる．まず，波数 $\mathbf{k}$ の空間においては，微視的状態は等間隔の格子点上に存在しているので，状態密度 $g(\mathbf{k})$ は

$$g(\mathbf{k})d\mathbf{k} = \frac{V}{(2\pi)^3}d\mathbf{k} \tag{5.70}$$

となる．系が等方的であると仮定して極座標に移行すると，動径方向の距離 $k \equiv |\mathbf{k}|$ だけの関数になるので，

$$g(k)dk = \frac{V}{(2\pi)^3}4\pi k^2 dk \tag{5.71}$$

となる．さらにこれを (5.69) 式の関係を用いて ϵ で表すと，

$$g(\epsilon)d\epsilon = 2\pi V \left(\frac{2m}{h^2}\right)^{3/2}\sqrt{\epsilon}d\epsilon \tag{5.72}$$

となる．

(5.65) 式および (5.72) 式より，電子気体の状態密度は

$$g(\epsilon)d\epsilon = 4\pi V \left(\frac{2m}{h^2}\right)^{3/2}\sqrt{\epsilon}d\epsilon \tag{5.73}$$

で表されることがわかる．

5.5.3 電子気体の全粒子数と化学ポテンシャル

光子気体およびフォノン気体の場合には，粒子数が保存しないことにより化学ポテンシャルが $\mu = 0$ となった．電子気体の場合には粒子数は保存するため化学ポテンシャル μ は一般に 0 でない値をとる．ここでは電子系の化学ポテンシャルを計算してみる．

化学ポテンシャルは系の全粒子数に対するラグランジュの未定定数であるので，まず (5.41) 式と同様の方法で系の全粒子数 N を計算すると，

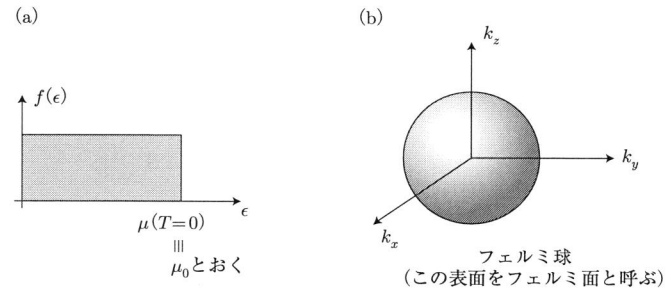

5.5 理想フェルミ–ディラック気体の例

図 5.8 $T=0$ における電子気体の分布の形状
(a) エネルギー空間での分布と (b) 波数ベクトル空間での分布．占有状態のうちでエネルギーの上限を与える球面はフェルミ球あるいはフェルミ面と呼ばれる．

$$N = \int_0^\infty f(\epsilon)g(\epsilon)d\epsilon \tag{5.74}$$

となる．

a. $T=0$ の場合

$T=0$ の場合には，5.2.4 項で議論したように FD 粒子は基底状態から順にフェルミ準位までの各準位を満たし，フェルミ準位より上のエネルギーの準位はすべて空となる．この分布をエネルギー空間に描くと図 5.8(a) のようになるが，波数ベクトルの空間に描くと，電子によって占有されている微視的状態は図 5.8(b) に示された 3 次元空間の球面の内部になる．この球面はフェルミ球あるいはフェルミ面と呼ばれる．

このような状況では，(5.32) 式からわかるようにフェルミ準位のエネルギーが化学ポテンシャル $\mu(T=0) \equiv \mu_0$ に相当している．したがって，(5.74) 式において，$\epsilon \leq \mu_0$ では $f(\epsilon) = 1$ であり，一方 $\epsilon > \mu_0$ では $f(\epsilon) = 0$ である．このことより

$$N = \int_0^{\mu_0} g(\epsilon)d\epsilon \tag{5.75}$$

となり，(5.73) 式の状態密度を代入して計算すると，

$$\mu(T=0) \equiv \mu_0 = \frac{h^2}{2m}\left(\frac{3}{8\pi}\frac{N}{V}\right)^{2/3} \tag{5.76}$$

となる．これが $T=0$ における化学ポテンシャルであり，フェルミ準位のエネ

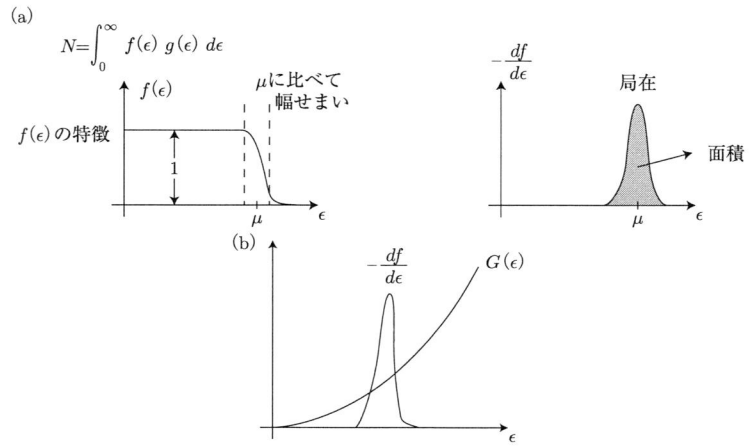

図 5.9 低温における電子気体のフェルミ準位近傍での励起の様子
(a) 低温 ($k_\mathrm{B}T \ll \mu_0$) での FD 分布関数 $f(\epsilon)$ と (b) 分布関数の微分 $-df/d\epsilon$ の振る舞い.

ルギーに相当する.

b. $0 \leq k_\mathrm{B}T \ll \mu_0$ **の場合(低温)**

この場合には,熱エネルギー $k_\mathrm{B}T$ がフェルミ準位のエネルギー $\mu_0 \sim \mu(T)$ に比べて十分に小さいため,図 5.9 に示すようにフェルミ準位近傍のエネルギー幅 $k_\mathrm{B}T$ 位の準位にいる電子だけが上の準位に遷移することができる.FD 分布関数の微分 $-df/d\epsilon$ はフェルミ準位 $\epsilon \sim \mu_0$ の近傍でだけ大きな値をとるので,このことを利用して近似的な計算を行うことができる.

さて,

$$G(\epsilon) \equiv \int_0^\epsilon g(\epsilon')d\epsilon' \tag{5.77}$$

と定義すれば,(5.74) 式に部分積分を用いて

$$\begin{aligned} N &= \int_0^\infty f(\epsilon)g(\epsilon)d\epsilon \\ &= [f(\epsilon)G(\epsilon)]_0^\infty - \int_0^\infty \frac{df(\epsilon)}{d\epsilon}G(\epsilon)d\epsilon \\ &= -\int_0^\infty \frac{df(\epsilon)}{d\epsilon}G(\epsilon)d\epsilon \end{aligned} \tag{5.78}$$

となる.ただし 2 行目で $f(\infty) = 0$,$G(0) = 0$ を用いた.ここで,$-df(\epsilon)/d\epsilon$

5.5 理想フェルミ-ディラック気体の例

が $\epsilon = \mu$ の近傍に局在していてそれ以外の領域では 0 であり，その一方で $G(\epsilon)$ がゆっくり変化する関数であることを使えば，以下のような計算が可能である．

$$
\begin{aligned}
N &= \int_0^\infty \left(-\frac{df(\epsilon)}{d\epsilon}\right) G(\epsilon) d\epsilon \\
&\quad \Downarrow \quad x = \epsilon - \mu \quad \text{と変数変換} \\
&= \int_{-\mu}^\infty \left(-\frac{df}{dx}\right) G(x+\mu) dx \\
&\quad \Downarrow \quad \text{ゆっくり変化する } G(\epsilon) \text{ をテイラー展開．} \\
&\qquad df/d\epsilon \text{ が局在関数なので，積分の下限を} -\infty \text{に延長．} \\
&= \int_{-\infty}^\infty \left(-\frac{df}{dx}\right) \left[G(\mu) + G'(\mu)x + \frac{1}{2}G''(\mu)x^2 + \cdots\right] dx \\
&= G(\mu)\int_{-\infty}^\infty \left(-\frac{df}{dx}\right) dx + G'(\mu)\int_{-\infty}^\infty x\left(-\frac{df}{dx}\right) dx \\
&\quad + \frac{1}{2}G''(\mu)\int_{-\infty}^\infty x^2\left(-\frac{df}{dx}\right) dx + \cdots \quad (5.79)
\end{aligned}
$$

ここで (5.67) 式を用いると

$$
\begin{aligned}
\int_{-\infty}^\infty \left(-\frac{df}{dx}\right) dx &= 1 \\
\int_{-\infty}^\infty x\left(-\frac{df}{dx}\right) dx &= 0 \\
\int_{-\infty}^\infty x^2\left(-\frac{df}{dx}\right) dx &= \frac{\pi^2}{3}(k_\mathrm{B}T)^2 \quad (5.80)
\end{aligned}
$$

となることが示せる．これらの積分値を (5.79) 式に代入すると

$$
N = G(\mu) + \frac{\pi^2}{6}(k_\mathrm{B}T)^2 G''(\mu) + \cdots \quad (5.81)
$$

を得る．この式は，温度 T が定められたときの化学ポテンシャル μ を決めるための式である．以下，化学ポテンシャルの具体的な形を求めてみる．

(5.73) 式により

$$
g(\epsilon) = C\epsilon^{1/2} \quad \text{ただし } C = 4\pi V\left(\frac{2m}{h^2}\right)^{3/2} \quad (5.82)
$$

である．このとき

$$G(\epsilon) = \int_0^\epsilon g(\epsilon')d\epsilon' = \frac{2}{3}C\epsilon^{3/2} \tag{5.83}$$

となるので,

$$G''(\epsilon) = g'(\epsilon) = \frac{1}{2}C\epsilon^{-1/2} = \frac{3}{4}\frac{G(\epsilon)}{\epsilon^2} \tag{5.84}$$

となることがわかる.

この結果を (5.81) 式に代入すると

$$\begin{aligned}
N &= G(\mu)\left[1 + \frac{\pi^2}{6}(k_\mathrm{B}T)^2 \frac{3}{4}\frac{1}{\mu^2}\cdots\right] \\
&= \frac{2}{3}4\pi V\left(\frac{2m}{h^2}\right)^{3/2}\mu^{3/2}\left[1 + \frac{\pi^2}{6}(k_\mathrm{B}T)^2\frac{3}{4\mu^2} + \cdots\right] \\
&= N\left(\frac{\mu}{\mu_0}\right)^{3/2}\left[1 + \frac{\pi^2}{8}\left(\frac{k_\mathrm{B}T}{\mu}\right)^2 + \cdots\right]
\end{aligned} \tag{5.85}$$

となる. 最後の行に移るときに, (5.76) 式の μ_0 の定義を用いた. 両辺の N を約分し変形すると

$$\mu = \mu_0\left[1 + \frac{\pi^2}{8}\left(\frac{k_\mathrm{B}T}{\mu}\right)^2 + \cdots\right]^{-2/3} \tag{5.86}$$

となる. この式は右辺に μ を含んでいるので, μ について解けてはいない. これを解くためには, 系の温度が低温であるために

$$\frac{k_\mathrm{B}T}{\mu} \sim \frac{k_\mathrm{B}T}{\mu_0} \ll 1 \tag{5.87}$$

が成立することを用いる. $x \ll 1$ のときに $(1+x)^{-2/3} \sim 1 - 2x/3$ が成立することを用いれば,

$$\mu \sim \mu_0\left[1 - \frac{\pi^2}{12}\left(\frac{k_\mathrm{B}T}{\mu}\right)^2 + \cdots\right] \tag{5.88}$$

となる. ここで, 右辺の補正項の中での μ と μ_0 の差が高次の補正項しか生み出さないことから, この差を無視してもよい. 結局, 電子気体の化学ポテンシャルは

$$\mu = \mu_0\left[1 - \frac{\pi^2}{12}\left(\frac{k_\mathrm{B}T}{\mu_0}\right)^2 + \cdots\right] \tag{5.89}$$

となる．

5.5.4 電子気体の内部エネルギーと比熱

内部エネルギーの計算は，前項で計算した化学ポテンシャルを導出する方法とまったく同様にして以下のように求められる．

$$\begin{aligned} E &= \int_0^\infty \epsilon f(\epsilon) g(\epsilon) d\epsilon \\ &= E_0 \left[1 + \frac{5}{12}\pi^2 \left(\frac{k_\mathrm{B} T}{\mu_0}\right)^2 + \cdots \right] \end{aligned} \qquad (5.90)$$

ただし，

$$E_0 = \frac{3}{5} N \mu_0 \qquad (5.91)$$

は $T=0$ における系の内部エネルギーである．

(5.90) 式を用いれば，$k_\mathrm{B} T \ll \mu$ が成立する低温で比熱は

$$C_V = \left(\frac{\partial E}{\partial T}\right)_{VN} = \frac{\pi^2 N k_\mathrm{B}^2}{2\mu_0} T \propto T \qquad (5.92)$$

というように，比熱が低温で温度に比例するという結論を導くことができる．結晶の格子振動の比熱は T^3 に比例するので，非常に低温では $T \gg T^3$ が成立し，金属においては格子比熱よりも電子比熱が重要になる．

5.6 理想ボーズ–アインシュタイン凝縮

本節では，理想ボーズ–アインシュタイン気体が示すボーズ–アインシュタイン凝縮（以下では BE 凝縮と略記する）について議論する．BE 凝縮は相転移現象の一種であるが，我々の日常生活の中で目にする水の沸騰などの古典系の相転移現象とはまったく異なり，低温における量子力学的な性質が支配する現象である．本節で議論するのはもっとも簡単な量子理想気体の BE 凝縮であるが，超伝導や超流動などの異常な現象の発現の本質的な部分を理解することができる．

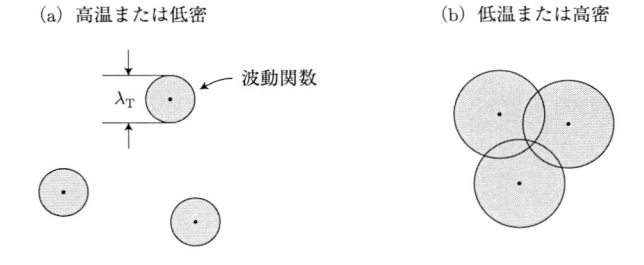

図 5.10 熱的ド・ブロイ波長と平均粒子間隔の関係
(a) 高温または低密の場合と，(b) 低温または高密の場合．

5.6.1 量子統計の古典極限 (BE・FD 統計共通)

a. 熱的ド・ブロイ (de Broglie) 波長

温度 T の熱平衡状態においては，系の各粒子は熱運動をしている．古典統計から予想されるこのような粒子の熱速度は，エネルギー等分配則 (4.2 節) により

$$\frac{p^2}{2m} = \frac{1}{2}k_\mathrm{B}T \tag{5.93}$$

で与えられる．この式を変形すると，

$$p = \sqrt{mk_\mathrm{B}T} \tag{5.94}$$

となる．このような粒子の熱運動による運動量に対応するド・ブロイ波長は h/p のオーダーの量になる．これを熱的ド・ブロイ波長と呼び，

$$\lambda_\mathrm{T} \equiv \left(\frac{h^2}{2\pi m k_\mathrm{B}T}\right)^{1/2} = \left(\frac{2\pi\beta\hbar^2}{m}\right)^{1/2} \tag{5.95}$$

で定義される．この熱的ド・ブロイ波長は熱平衡にある粒子の波動関数の空間的な広がりの目安を与える量である．

図 5.10 (a) に示すように，高温あるいは低密の場合には粒子の平均間隔は熱的ド・ブロイ波長よりも長く，粒子の波動関数は互いに重ならない．このような場合には粒子の量子性は顕著でなく，古典的な描像が成立する．一方，図 5.10 (b) のように低温あるいは高密の場合には，粒子の平均間隔に比べて熱的ド・ブロイ波長の方が長くなるので粒子の波動関数は互いに重なる．このような場合に

b. 量子統計の古典極限

図 5.10 で直感的に議論したように,古典統計は量子統計の何らかの極限になっていると考えられる.このことを量子統計の確率分布を用いて示してみよう.
(5.23) 式の BE 分布および (5.32) 式の FD 分布より

$$\langle n_\nu \rangle = \frac{1}{\exp[\beta(\epsilon_\nu - \mu)] \pm 1} \quad \begin{pmatrix} +:\text{FD 分布} \\ -:\text{BE 分布} \end{pmatrix} \tag{5.96}$$

と書ける.

ここで,

$$\lambda = e^{\beta\mu} \tag{5.97}$$

で定義されるフガシティを導入しよう.このフガシティを用いると,(5.96) 式は

$$\langle n_\nu \rangle = \frac{1}{\lambda^{-1} e^{\beta\epsilon_\nu} \pm 1} \tag{5.98}$$

となる.$\lambda \to 0$ すなわち $\beta\mu \to -\infty$ の極限を考えると,(5.98) 式は

$$\langle n_\nu \rangle = \frac{\lambda}{e^{\beta\epsilon_\nu} \pm \lambda} \sim \lambda e^{-\beta\epsilon_\nu} = e^{-\beta(\epsilon_\nu - \mu)} \tag{5.99}$$

となる.古典グランドカノニカル分布 (3.182) 式を用いると,$e^{-\beta(\epsilon_\nu - \mu)}$ が ν 準位の平均占有数であることを示すことができるので,量子統計による分布は $\lambda \to 0$ において古典グランドカノニカル分布に漸近することがわかる.したがって,$\lambda \to 0$ の極限は古典統計の極限であると言える.

[注意]: 古典極限が高温の極限 ($\beta \to 0$) だからといって,必ずしも $\beta\mu \to 0$ とはならない.このことを理想気体に対して示してみる.

まず $F = E - TS$ の関係により,高温極限 ($T \to \infty$) においてはエントロピーが支配的であることがわかる.理想気体に対する熱力学の計算により

$$S(T, P) = S(T_0, P_0) + Nk_\text{B} \ln\left[\left(\frac{T}{T_0}\right)^{5/2} \left(\frac{P_0}{P}\right)\right] \tag{5.100}$$

を導出することができる.ここで,T_0 と P_0 は基準となる状態の温度と圧力である.この関係式を用いて化学ポテンシャルを求めると,

$$\begin{aligned}
\frac{\mu(T,P)}{k_\mathrm{B} T} &= \frac{\mu(T_0,P_0)}{k_\mathrm{B} T} + \left(\frac{5}{2}k_\mathrm{B} - \frac{S(T_0,P_0)}{N}\right)\frac{1-T_0/T}{k_\mathrm{B}} \\
&\quad - \ln\left[\left(\frac{T}{T_0}\right)^{5/2}\left(\frac{P_0}{P}\right)\right] \\
&= (\text{定数}) - \ln\left(\frac{T}{T_0}\right)^{3/2} \quad\quad (5.101)
\end{aligned}$$

となることが示せる．この関係式より，理想気体では $T\to\infty$ のときに

$$\frac{\mu}{k_\mathrm{B} T} \equiv \beta\mu \to -\infty \quad\quad (5.102)$$

であることがわかる．

c. 粒子数分布の温度依存性

(5.23) 式の BE 分布および (5.32) 式の FD 分布に (5.66) 式で議論した縮退の効果を考慮すると，全粒子数 N は

$$N = \sum_\nu g_\nu \langle n_\nu \rangle \quad\quad (5.103)$$

となる．ここで，g_ν は ν 番目のエネルギー準位の縮退度である．(5.72) 式の 3 次元理想気体の状態密度の式を用いると，

$$g(\epsilon)d\epsilon = 2\pi V \left(\frac{2m}{h^2}\right)^{3/2}\sqrt{\epsilon}\,d\epsilon \quad\quad (5.104)$$

となる．この状態密度を用いて

$$\sum_\nu g_\nu \to \int d\epsilon\, g(\epsilon) \quad\quad (5.105)$$

と近似すれば，(5.98) 式および (5.104) 式を用いて

$$\begin{aligned}
N &= \sum_\nu g_\nu \langle n_\nu \rangle \\
&= 2\pi V \left(\frac{2m}{h^2}\right)^{3/2} \int_0^\infty d\epsilon \frac{\sqrt{\epsilon}}{\lambda^{-1}e^{\beta\epsilon} \pm 1} \\
&\quad \Downarrow \quad \sqrt{\beta\epsilon} = x \text{ とおく．} \\
&= V\left(\frac{m}{2\pi\beta\hbar^2}\right)^{3/2}\frac{4}{\sqrt{\pi}}\int_0^\infty dx \frac{x^2}{\lambda^{-1}e^{x^2} \pm 1} \quad\quad (5.106)
\end{aligned}$$

となる．ここで
$$\frac{4}{\sqrt{\pi}}\int_0^\infty \frac{x^2}{\lambda^{-1}e^{x^2}\pm 1}dx = \begin{cases} f_{3/2}(\lambda) & (\text{複号}+(\text{FD 統計})\text{のとき}) \\ g_{3/2}(\lambda) & (\text{複合}-(\text{BE 統計})\text{のとき}) \end{cases} \tag{5.107}$$
と定義し，(5.95) 式の熱的ド・ブロイ波長の定義とを用いると
$$\frac{N}{V}\lambda_\mathrm{T}^3 = \begin{cases} f_{3/2}(\lambda) & (\text{FD 統計}) \\ g_{3/2}(\lambda) & (\text{BE 統計}) \end{cases} \tag{5.108}$$
となる．

FD 統計の場合には化学ポテンシャルの値には制限がなかったので，$0<\lambda<\infty$ の値をとることができる．このことより，
$$\text{FD 統計}: \quad f_{3/2}(\lambda) = \begin{cases} 0 & \lambda \to 0 \\ \infty & \lambda \to \infty \end{cases} \tag{5.109}$$
となる．一方の BE 統計では，(5.28) 式の化学ポテンシャルに対する制限により $0<\lambda\leq 1$ の範囲の値だけが許される．したがって，

$$\text{BE 統計}: \quad g_{3/2}(\lambda) = \begin{cases} 0 & \lambda \to 0 \\ 2.61\cdots & \lambda \to 1 \end{cases} \tag{5.110}$$
となる．

(5.99) 式に示したように古典統計の極限は $\lambda \to 0$ に対応しているので，(5.109) 式および (5.110) 式を用いれば，古典統計の成立する条件は $f_{3/2} \to 0$ (FD 統計の場合) あるいは $g_{3/2} \to 0$ (BE 統計の場合) となる．この結果を (5.108) 式に用いれば，古典極限において
$$\frac{N}{V}\lambda_\mathrm{T}^3 \to 0 \tag{5.111}$$
となるので，結局以下の結果を得る．

量子統計の古典極限

$$
\begin{aligned}
\text{古典極限} &\Leftrightarrow \text{高温あるいは低密} \quad (\lambda \to 0) \\
\text{量子極限} &\Leftrightarrow \text{低温あるいは高密} \quad (\lambda \to \text{大})
\end{aligned}
\tag{5.112}
$$

[補足]：(5.107) 式の定義式をテーラー展開すれば，一般に以下のような定義が導かれる．

$$g_s(\lambda) = \sum_{n=1}^{\infty} \frac{\lambda^n}{n^s} \tag{5.113}$$

したがって，このように定義される $g_s(\lambda)$ を用いると，

$$g_s(1) = \sum_{n=1}^{\infty} \frac{1}{n^s} = \zeta(s) \tag{5.114}$$

と書くことができる．ここで $\zeta(s)$ はリーマン (Riemann) のゼータ関数である．

5.6.2 理想ボーズ–アインシュタイン凝縮の理論

a. BE 凝縮の臨界温度と臨界密度

本項では，前項の BE 統計に対する結果を用いて，実際にボーズ–アインシュタイン凝縮の理論を定式化する．

(5.108) 式および (5.110) 式より，理想 BE 気体では

$$\frac{N}{V}\lambda_{\mathrm{T}}^3 = g_{3/2}(\lambda) = \begin{cases} 0 & (\lambda \to 0 \text{ 古典}) \\ 2.61\cdots & (\lambda \to 1 \text{ 量子}) \end{cases} \tag{5.115}$$

が成立する．$\lambda \to 1$ は $\mu \to 0$ に対応しているため，(5.98) 式の BE 分布を用いると $\langle n_0 \rangle \to \infty$ となり，基底状態の平均占有数が発散する．このように基底状態の平均占有数が発散を始める濃度あるいは温度を臨界濃度，臨界温度と呼ぶ．すなわち

$$\frac{N}{V}\lambda_{\mathrm{T}}^3 = 2.61\cdots \quad \Leftrightarrow \quad \begin{cases} \text{臨界濃度} & \left(\dfrac{N}{V}\right)_c \\ \text{臨界温度} & T_c \end{cases} \tag{5.116}$$

5.6 理想ボーズ–アインシュタイン凝縮

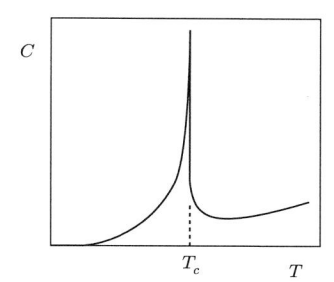

図 5.11 ヘリウム 4 の低温における比熱の異常
この比熱の異常な振る舞いの起こる温度以下ではヘリウムは超流動状態 (BE 凝縮相) にある．このような超流動相への転移は，比熱の振る舞いの形状のために λ-転移と呼ばれる．

である．

$T < T_c$ あるいは $(N/V) > (N/V)_c$ のときには，基底状態の占有数 $\langle n_0 \rangle$ が巨視的な数になりえる．この現象をボーズ–アインシュタイン凝縮（以下 BE 凝縮と略記する）と呼ぶ．BE 凝縮が生じると，同一の量子状態（基底状態）に入った巨視的な数の原子は空間的に広がった波動関数を構成する．これを凝縮相と呼ぶ．電気抵抗や粘性の現象は空間的に分布する不純物などの効果によって生じるが，凝縮相が形成されてしまうと，このような不純物に比べて凝縮相の波動関数の広がりははるかに大きいため不純物の効果を受けなくなり，無限大の電気伝導度（超伝導）あるいは粘性 0（超流動）の状態が実現する．

図 5.11 に，低温のヘリウム 4 の示す BE 凝縮にともなう比熱の異常な振る舞いを示す．このような転移は λ-転移と呼ばれる．この λ-転移温度以下の温度ではヘリウム 4 は超流動状態にある．

b. 凝縮相の形成を考慮した理論的扱い

BE 凝縮相が形成されると基底状態の占有数が発散するため，(5.106) 式で用いた微視的状態に関する和を積分で置き換えるという近似

$$\sum_\nu g_\nu \to \int_0^\infty d\epsilon g(\epsilon) \tag{5.117}$$

が少なくとも基底状態に関しては成立しなくなる．

このことは (5.115) 式から確認することができる．この式の左辺で温度 T を減少させる（すなわち λ_T を増加させる）かあるいは粒子密度 N/V を増加させれば，左辺の値はいずれ右辺の上限値 $g_{3/2}(1) = 2.61\cdots$ に到達する．これ

以降はさらに温度を低下させても（あるいは粒子密度を増大させても）右辺の値は $2.61\cdots$ のままであり，左辺の増大分を受け入れる余地がないことがわかる．これは状態密度に関する和を連続の積分で置き換えたことによる近似の破綻を意味しており，計算法の改善が必要である．

このような場合の計算法のもっとも簡単な改良は，占有数が巨視的な数になる基底状態だけを他の微視的状態とは分けて取り扱うことである．すなわち

$$\langle n_\nu \rangle = \begin{cases} \langle n_0 \rangle & \nu = 0 \\ \dfrac{1}{\lambda^{-1} e^{\beta \epsilon_\nu} - 1} & \nu > 0 \end{cases} \quad (5.118)$$

のように基底状態の占有数 $\langle n_0 \rangle$ を他とは分けて扱う．

(5.118) 式の BE 分布の扱いを用いて (5.106) 式を再計算すると，

$$\begin{aligned} N &= \sum_\nu g_\nu \langle n_\nu \rangle \\ &= \langle n_0 \rangle + 2\pi V \left(\frac{2m}{h^2} \right)^{3/2} \int_0^\infty d\epsilon \frac{\sqrt{\epsilon}}{\lambda^{-1} e^{\beta \epsilon} - 1} \\ &= \langle n_0 \rangle + \frac{V}{\lambda_\mathrm{T}^3} g_{3/2}(1) \end{aligned} \quad (5.119)$$

となる．第 1 行目から第 2 行目に移るときに，$g_0 = 1$ すなわち基底状態は縮退していないと仮定した．また最後の行では，凝縮相においては λ の値はその最大値 $\lambda = 1$ をとることを用いた．

さて，$\lambda = \exp(\beta \mu)$ は温度の関数であるから，(5.119) 式で $T = T_c$ とすると $\langle n_0 \rangle = 0$ かつ $\lambda = 1$ となる[*6]．この結果を用いると

$$N = \frac{V}{\{\lambda_\mathrm{T}(T = T_c)\}^3} g_{3/2}(1) \quad (5.120)$$

となる．(5.119) 式および (5.120) 式を用いると

$$\begin{pmatrix} \text{凝縮相を形成する} \\ \text{粒子の割合} \end{pmatrix} = \frac{\langle n_0 \rangle}{N}$$

[*6] ここで $\langle n_0 \rangle = 0$ と称しているのは，系の全粒子数 N に対して無視できる数しか基底状態には入っていないという意味であって，基底状態が空であることを意味していない．このような場合には (5.118) 式のように基底状態の占有数だけを分けて扱わなくても，通常の BE 分布だけで十分に系を記述できる．

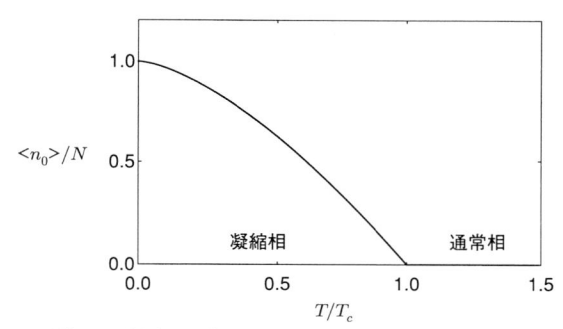

図 5.12 理想 BE 凝縮の理論から求めた凝縮相を形成する粒子の全粒子数に対する割合の温度変化

$$
\begin{aligned}
&= 1 - \frac{V}{N\left\{\lambda_\mathrm{T}(T)\right\}^3} g_{3/2}(1) \\
&= 1 - \left(\frac{\lambda_\mathrm{T}(T_c)}{\lambda_\mathrm{T}(T)}\right)^3 \\
&= 1 - \left(\frac{T}{T_c}\right)^{3/2}
\end{aligned}
\tag{5.121}
$$

となるので，結局

$$
\frac{\langle n_0 \rangle}{N} = 1 - \left(\frac{T}{T_c}\right)^{3/2}
\tag{5.122}
$$

となる．この凝縮相を形成する粒子の数の全粒子数における割合の温度依存性をグラフにしたものを図 5.12 に示す．

c. 転移温度近傍の状態方程式

(5.12) 式および (5.20) 式を用いれば，グランドポテンシャルは

$$
\begin{aligned}
-PV &= \Omega \\
&= k_\mathrm{B}T \sum_{\nu=0}^{\infty} g_\nu \ln\left[1 - \exp\left\{-\beta(\epsilon_\nu - \mu)\right\}\right] \\
&= k_\mathrm{B}T \sum_{\nu=0}^{\infty} g_\nu \ln\left[1 - \lambda e^{-\beta \epsilon_\nu}\right]
\end{aligned}
\tag{5.123}
$$

となる．この量を通常相と凝縮相のそれぞれについて計算してみる．

通常相

臨界温度以上の通常相では

と置き換えればいいので，

$$\sum_\nu g_\nu \to \int_0^\infty d\epsilon\, g(\epsilon) \tag{5.124}$$

$$\Omega = k_{\rm B}T \times 2\pi V \left(\frac{2m}{h^2}\right)^{3/2} \int_0^\infty d\epsilon \sqrt{\epsilon} \ln\left[1 - \lambda e^{-\beta\epsilon}\right] \tag{5.125}$$

となる．ここで (5.95) 式の熱的ド・ブロイ波長の定義を用いると，

$$\frac{\Omega}{V} = -P = -\frac{k_{\rm B}T}{\lambda_{\rm T}^3} g_{5/2}(\lambda) \tag{5.126}$$

となる．ここで (5.113) 式の定義より

$$g_{5/2}(\lambda) = -\frac{4}{\sqrt{\pi}} \int_0^\infty dx\, x^2 \ln\left(1 - \lambda e^{-x^2}\right) \tag{5.127}$$

となることを用いた．

凝縮相

臨界温度以下の凝縮相においては

$$\sum_\nu g_\nu \to (\epsilon = 0 \text{ の項}) + \int_0^\infty d\epsilon\, g(\epsilon) \quad (\text{ただし}\lambda = 1) \tag{5.128}$$

のようになる．これを (5.123) 式へ用いると，(5.128) 式の第 2 項は (5.126) 式と同じ結果 (ただし $\lambda = 1$) となるので，

$$\frac{\Omega}{V} = \lim_{\lambda \to 1} \left[\frac{k_{\rm B}T}{V} \ln(1-\lambda) - \frac{k_{\rm B}T}{\lambda_{\rm T}^3} g_{5/2}(\lambda)\right] \tag{5.129}$$

と書くことができる．ここで (5.12) 式を用いると

$$P = -\frac{\Omega}{V} = -\lim_{V \to \infty} \frac{\Omega}{V} \quad (\text{熱力学極限}) \tag{5.130}$$

となる．(5.129) 式および (5.130) 式により

$$P = -\frac{\Omega}{V} = \lim_{\lambda \to 1} \lim_{V \to \infty} \left[-\frac{k_{\rm B}T}{V} \ln(1-\lambda) + \frac{k_{\rm B}T}{\lambda_{\rm T}^3} g_{5/2}(\lambda)\right] \tag{5.131}$$

となる．ここで $V \to \infty$ の熱力学極限を先に計算すると，

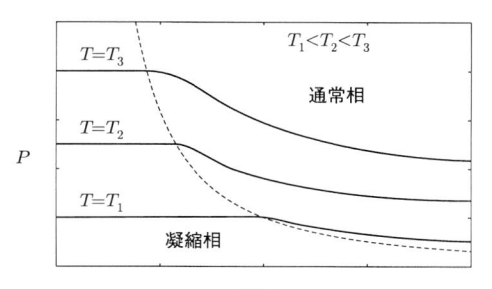

5.6 理想ボーズ–アインシュタイン凝縮

図 5.13 BE 凝縮の理論から求まる等温曲線
各等温曲線の温度は $T_1 < T_2 < T_3$ であり，通常相と凝縮相の境界は (5.133) 式で与えられる．

$$P = \begin{cases} \dfrac{k_B T}{\lambda_T^3} g_{5/2}(\lambda) & (\text{通常相}) \\ \lim_{\lambda \to 1} \left[-\lim_{V \to \infty} \dfrac{k_B T}{V} \ln(1-\lambda) + \dfrac{k_B T}{\lambda_T^3} g_{5/2}(\lambda) \right] \\ \quad = 1.341 \dfrac{k_B T}{\lambda_T^3} \propto T^{5/2} V^0 & (\text{凝縮相}) \end{cases} \tag{5.132}$$

を得る．ただし $g_{5/2}(1) = 1.341\cdots$ を用いた．これが理想気体の BE 凝縮温度近傍での状態方程式である．(5.116) 式および (5.132) 式より温度 T を消去すると

$$P = (\text{定数}) \times \left(\frac{V}{N}\right)^{-5/3} \tag{5.133}$$

となる．この式は P–(V/N) 平面における通常相と凝縮相の境界線を与える．等温曲線は (5.132) 式から求まり，図 5.13 のようになる．(5.132) 式からわかるように，等温曲線は凝縮相において体積に依存しないという特徴を持っている．

d. BE 凝縮に伴う比熱の振る舞い

本項にて展開されたBE 凝縮の理論を用いて，凝縮温度近傍での内部エネルギーを計算し，比熱の振る舞い (λ-転移) を調べてみよう．

系の全エネルギーは

$$E = \sum_{\nu=0}^{\infty} \epsilon_\nu g_\nu \langle n_\nu \rangle \tag{5.134}$$

で与えられる．

$T > T_c$ あるいは $(N/V) < (N/V)_c$ の通常相においては，(5.125) 式のように和を積分で置き換えると

$$\begin{aligned} E &= 2\pi V \left(\frac{2m}{h^2}\right)^{3/2} \int_0^\infty d\epsilon \sqrt{\epsilon}\, \epsilon \, \frac{1}{\lambda^{-1}e^{\beta\epsilon} - 1} \\ &= \frac{3}{2}\frac{Vk_\mathrm{B}T}{\lambda_\mathrm{T}^3} g_{5/2}(\lambda) \end{aligned} \quad (5.135)$$

が得られる．

一方 $T < T_c$ あるいは $(N/V) > (N/V)_c$ の凝縮相においては，和を積分に直すときに基底状態だけを分けて扱うことにより

$$\sum_\nu g_\nu \to (\epsilon = 0 \text{ の項}) + \int_0^\infty d\epsilon g(\epsilon) \quad \text{かつ} \quad \lambda = 1 \quad (5.136)$$

となるので，内部エネルギーは

$$E = \epsilon_0 \langle n_0 \rangle + \frac{3}{2}\frac{Vk_\mathrm{B}T}{\lambda_\mathrm{T}^3} g_{5/2}(1) \quad (5.137)$$

となるが，基底状態のエネルギーをエネルギーの基準点にとっているので $\epsilon_0 = 0$ となり，第 1 項は消える．したがって，

$$E = \begin{cases} \frac{3}{2}\frac{Vk_\mathrm{B}T}{\lambda_\mathrm{T}^3} g_{5/2}(\lambda) & \text{（通常相）} \\ \frac{3}{2}\frac{Vk_\mathrm{B}T}{\lambda_\mathrm{T}^3} g_{5/2}(1) & \text{（凝縮相）} \end{cases} \quad (5.138)$$

となる．

比熱は (5.138) 式より $C_V = (\partial E/\partial T)_{NV}$ によって求められるが，微分に際しては $\lambda = \exp(\beta\mu)$ が温度に依存していることに注意しなくてはいけない．(5.115) 式より，通常相では

$$\frac{N}{V}\lambda_\mathrm{T}^3 = g_{3/2}(\lambda) \quad (5.139)$$

が化学ポテンシャルを決める条件式となる．この式の両辺を T で微分すると

$$\begin{aligned} \text{左辺} &\to \frac{N}{V}\frac{\partial}{\partial T}\left(\lambda_\mathrm{T}^3\right) = -\frac{3}{2}\frac{\lambda_\mathrm{T}^3}{T}\frac{N}{V} \\ \text{右辺} &\to \frac{\partial}{\partial T}g_{3/2}(\lambda) = \frac{\partial \lambda}{\partial T}\frac{\partial g_{3/2}(\lambda)}{\partial \lambda} = \frac{1}{\lambda}\frac{\partial \lambda}{\partial T} \times \lambda\frac{\partial g_{3/2}(\lambda)}{\partial \lambda} = \frac{\partial(\beta\mu)}{\partial T}g_{1/2}(\lambda) \end{aligned}$$

$$\qquad(5.140)$$

となる．右辺の変形においては，$\lambda = e^{\beta\mu}$ の定義式，および (5.113) 式の $g_s(\lambda)$ の定義式より

$$\lambda \frac{\partial g_{3/2}(\lambda)}{\partial \lambda} = g_{1/2}(\lambda) \qquad(5.141)$$

となることを用いた．この結果から

$$\left(\frac{\partial(\beta\mu)}{\partial T}\right)_{VN} = -\frac{3}{2}\frac{\lambda_{\mathrm{T}}^3}{V}\frac{N}{Tg_{1/2}(\lambda)} \qquad(5.142)$$

を得る．

(5.142) 式を用いて (5.138) 式を温度に関して微分すると，通常相では

$$\begin{aligned}C_V &= \frac{3k_{\mathrm{B}}V}{2}\left[\frac{\partial}{\partial T}\left(\frac{T}{\lambda_{\mathrm{T}}^3}\right)g_{5/2}(\lambda) + \frac{T}{\lambda_{\mathrm{T}}^3}\frac{\partial g_{5/2}(\lambda)}{\partial T}\right]\\ &= \frac{3k_{\mathrm{B}}V}{2}\left[\frac{5}{2}\frac{1}{\lambda_{\mathrm{T}}^3}g_{5/2}(\lambda) + \frac{T}{\lambda_{\mathrm{T}}^3}g_{3/2}(\lambda)\frac{\partial(\beta\mu)}{\partial T}\right]\end{aligned} \qquad(5.143)$$

となる．第 1 行から第 2 行に移るときに，$T/\lambda_{\mathrm{T}}^3 \propto T^{5/2}$ であることと，

$$\begin{aligned}\frac{\partial}{\partial T}g_{5/2}(\lambda) &= \frac{1}{\lambda}\frac{\partial \lambda}{\partial T}\lambda\frac{\partial g_{5/2}(\lambda)}{\partial \lambda}\\ &= \frac{\partial(\beta\mu)}{\partial T}g_{3/2}(\lambda)\end{aligned} \qquad(5.144)$$

であることを用いた．凝縮相においては，λ が恒等的に値 1 をとるので温度微分はずっと簡単になり，

$$C_V = \frac{3k_{\mathrm{B}}V}{2}\frac{5}{2}\frac{1}{\lambda_{\mathrm{T}}^3}g_{5/2}(1) \qquad(5.145)$$

となる．これらの結果をまとめて図示すると，図 5.14 のようになり，実験で見られた λ-転移の性質をよく表していることがわかる．

e. 低次元系の振る舞い

化学ポテンシャルが 0 に近づくことが基底状態の平均占有数 $\langle n_0 \rangle$ の発散に導くことはすでに確認したが，基底状態の平均占有数の発散が直ちに BE 凝縮に結びつくわけではない．5.2.3 項 c の脚注で簡単に述べたように，1 次元系や 2 次元系では BE 凝縮は起こらない．これは (5.119) 式において 1 次元系および 2 次元系では状態密度の関数形が 3 次元系のものとは異なっており，$\langle n_0 \rangle \to \infty$

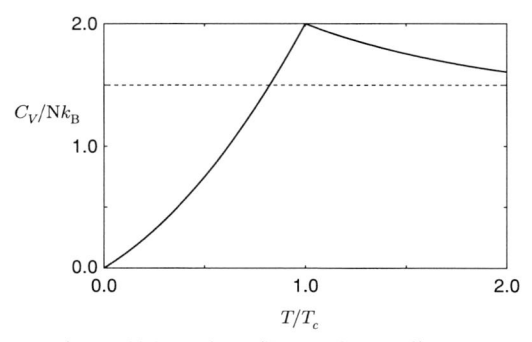

図 5.14 理想 BE 凝縮の理論から得られた点移転近傍の比熱の振る舞い
λ-転移と類似の比熱の異常性が再現できている.

の状況でも (5.119) 式のように基底状態だけを分けて扱う必要がなくなるからである. この議論のエッセンスだけを簡単に述べると, 以下のようになる.

理想気体の状態密度に関する (5.70) 式から (5.73) 式に至る計算を d-次元系に対して行えば, 状態密度が

$$g(\epsilon) \propto \epsilon^{\frac{d}{2}-1} \tag{5.146}$$

となることが示せる. したがって基底状態 ($\epsilon=0$) の状態密度は 3 次元系では 0 に収束するが, 2 次元系では有限の値, 1 次元系では発散してしまう[*7]. このような 1 次元系・2 次元系の状態密度の性質を使うと, (5.119) 式の右辺の積分だけで基底状態の占有数の発散を収納することができるようになる. すなわち 5.6.2 項 b で議論したような (5.115) 式の右辺の頭打ちは 1 次元および 2 次元系では存在せず, どんなに低温あるいはどんなに高密でも (5.115) 式を成り立たせる化学ポテンシャル μ の値 (すなわち λ の値) を常に見つけることができる. このことは, 基底状態の占有数 $\langle n_0 \rangle$ を特別に扱う必要がないことを意味しており, 5.6.2 項で議論してきたような理想 BE 凝縮は生じない.

[*7] 3 次元系で $g(0)=0$ というのは巨視的な数 N に比べて無視できるという意味であって, 実際には基底状態が縮退していなければ $g(0)=1$ である.

6 相互作用のある多体系の協力現象

　液体の水が蒸発して水蒸気に変わる現象は相転移の1つの例である．また前章で議論したボーズ–アインシュタイン凝縮も相転移の別の例である．これらいずれの相転移の例においても，膨大な数の粒子が相互作用や粒子間相関を通じて協力的に振る舞い，系の巨視的な状態の変化を引き起こしている．たとえば，水の気液転移の例では水分子の間の分子間力が協力現象を引き起こしており，一方でボーズ–アインシュタイン凝縮の例では，理想系であるために粒子間には相互作用は存在しないにもかかわらず，基底状態に落ち込んだ巨視的な数の粒子が同一の量子状態をとることで系全体にわたる位相の揃った波動関数が形成されることが粒子間の相関をもたらし，相転移を生み出している．

　このように相転移においては，系を構成する粒子の間の相互作用や相関が重要な役割を担っている．本章では議論を古典系に限定して，相互作用の効果によって相転移が引き起こされる機構を解明する．

6.1 相転移の熱力学の復習

6.1.1 用 語 の 定 義

　相転移の議論を展開するにあたり，まず相および相転移に関する用語を定義しておく．

相転移に関する用語の定義

相　　：　熱力学的に（巨視的に）一様な状態．
相共存：　2つ以上の相が境界（界面）をはさんで平衡にある状態．

> 相平衡とも呼ぶ.
> 相転移：熱力学変数や外部変数の変化によって引き起こされる相の変化.

相の定義として「熱力学的に一様な状態」としたが，この定義は必ずしも熱力学的な安定性を要求しない．たとえば1気圧の下で水をゆっくりと冷却すると，摂氏0度以下でも液体の状態を保つことができる．このような状態は過冷却液体と呼ばれ，大きな外乱を掛けなければ安定に存在できるが，いったん大きな外乱（衝撃や撹拌など）が加わると本来の安定状態である固体の氷に転移してしまう．このように小さな外乱に対してだけ安定な状態は準安定状態と呼ばれる．準安定状態も一様であれば相としての資格を持つ．

6.1.2 相平衡の条件

2つの異なる相が界面を挟んで相平衡にあるとき，これら2相の間にはある熱力学的な関係が成立する必要がある．図6.1に示すように2つの相AとBが界面を挟んで共存している状況を考える．

A相とB相のそれぞれの内部エネルギーを E_A, E_B，体積を V_A, V_B，粒子数を N_A, N_B そしてエントロピーを S_A, S_B とする．A相とB相を合わせた全体は外界から遮断された孤立系であるとし，A相とB相の間では，エネルギー ΔE，体積 ΔV，粒子数 ΔN の交換ができるものとする．このとき，2相が相平衡にあるための条件は以下のようになる．

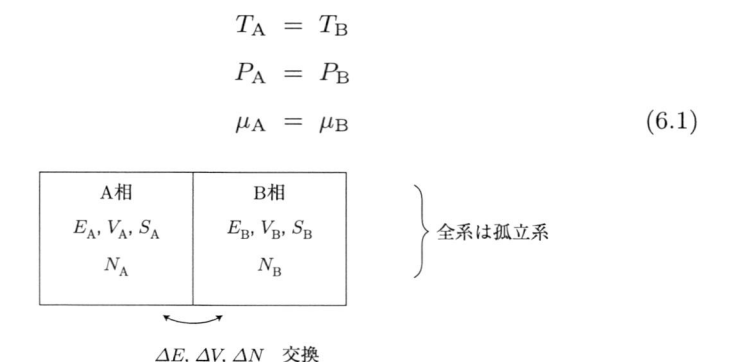

$$T_A = T_B$$
$$P_A = P_B$$
$$\mu_A = \mu_B \tag{6.1}$$

図6.1 2つの相が界面を挟んで平衡にある状態

これらの関係式は，2つの相を合わせた全体系で保存されるべき量，すなわち全エネルギー $E = E_A + E_B$，全体積 $V = V_A + V_B$ そして全粒子数 $N = N_A + N_B$ のそれぞれに共役な熱力学的な力が2つの相でつりあっているということを示している[*1]．保存量に共役な変数は，その保存量に相当する変数を系から外に押し出す圧力のような作用をする変数である．(6.1) 式は，互いに接している2つの部分系で押し出そうとする圧力がつりあったとき保存量の正味の移動がなくなり，平衡に落ち着くということを述べている．(6.1) 式の条件の熱力学的な証明には，以下に示すように孤立系の平衡状態のエントロピー最大原理を用いる．

[**(6.1) 式の証明**]　部分系 A と B の 2 つの系を合わせた系は孤立系なので，2 つの系を合わせた全体系ではエネルギー E，体積 V，粒子数 N は保存する．したがって，A 相および B 相におけるこれらの量の変化分を ΔE_A などと書くことにすると

$$\begin{cases} E_A + E_B = 一定 & \Delta E_A = -\Delta E_B \\ V_A + V_B = 一定 & \Delta V_A = -\Delta V_B \\ N_A + N_B = 一定 & \Delta N_A = -\Delta N_B \end{cases} \quad (6.2)$$

が成立する．ここで熱力学第 1 法則の関係式 (2.4) 式を用いると，このようなエネルギー，体積，粒子数の変化に伴う i-相 ($i = $ A または B) のエントロピーの変化 ΔS_i は

$$\Delta S_i = \frac{1}{T_i}\Delta E_i + \frac{P_i}{T_i}\Delta V_i - \frac{\mu_i}{T_i}\Delta N_i \qquad (i = \text{A または B}) \quad (6.3)$$

で与えられる．したがって，A 相と B 相を合わせた全体系のエントロピー変化は，

$$\begin{aligned} \Delta S &\equiv \Delta S_A + \Delta S_B \\ &= \left\{\left(\frac{1}{T_A}\right) - \left(\frac{1}{T_B}\right)\right\}\Delta E_A + \left\{\left(\frac{P_A}{T_A}\right) - \left(\frac{P_B}{T_B}\right)\right\}\Delta V_A \\ &\quad + \left\{\left(\frac{\mu_A}{T_A}\right) - \left(\frac{\mu_B}{T_B}\right)\right\}\Delta N_A \end{aligned} \quad (6.4)$$

[*1]　熱力学的に共役な変数とは，ルジャンドル変換で互いに入れ替わる関係にある変数のことである．

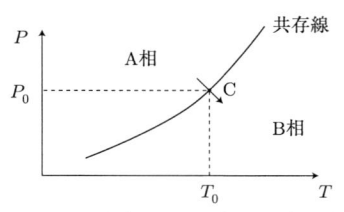

図 6.2 P–T 平面上での A-相と B-相の共存線

で表される．孤立系の平衡状態はエントロピー S が最大の状態であるので，もし微小な変化 ΔE_i, ΔV_i, ΔN_i が生じる前の状態が孤立系の平衡状態であったとするならば，この微小変化によって全系のエントロピー S は変化しないはずである（停留条件）．(6.4) 式を用いれば，この停留条件は任意の ΔE_A, ΔV_A, ΔN_A に対して $\Delta S = 0$ となることである．この条件より (6.1) 式の条件が導かれる．

〔証明終了〕

6.1.3 自由エネルギーと相転移の分類

ここでは相転移の際に自由エネルギーが示す挙動を用いて相転移を分類する方法を解説する．

図 6.2 に示すように，P–T 平面上での A-相と B-相の共存線を考える．(6.1) 式の条件により，相共存の場合には共存する 2 相の間で温度，圧力および化学ポテンシャルは等しくなるので，圧力と温度で表された平面上では，2 相共存は幅のない曲線で表される[*2]．

系を加熱するなどして A 相側から共存線上の点 C を通って B 相に移る相変化を引き起こす場合を考えてみる．図 6.3 に示すように C 点においては A 相と B 相が共存しており，系に加えられた熱は A 相の状態にある物質を B 相の状態に変えることに使われ，系の温度や圧力は変化せずに A 相と B 相の体積比率だけが変化する．

このような共存状態 (C 点) では (6.1) 式により

$$\mu_A(T_0, P_0) = \mu_B(T_0, P_0) \tag{6.5}$$

[*2] これに対して P–V 平面や T–V 平面上では，2 相共存が有限の広がりを持った領域で現れることがある．

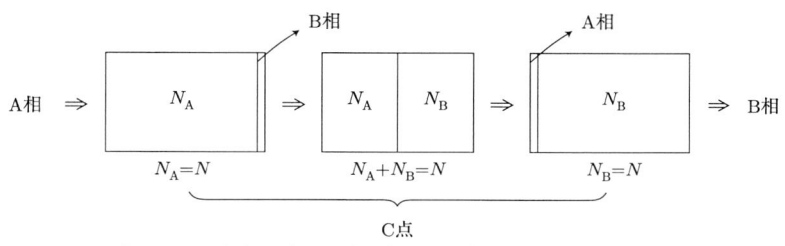

図 6.3 A 相と B 相の共存状態にある系を加熱した場合の変化

が成り立つ．したがって A 相と B 相のそれぞれの側から C 点に近づくときを考えると，

$$\lim_{\text{A 相} \to \text{C 点}} G_{\text{A}}(T, P) = \mu_{\text{A}} N_{\text{A}} = \mu_{\text{B}} N_{\text{B}} = \lim_{\text{B 相} \to \text{C 点}} G_{\text{B}}(T, P) \tag{6.6}$$

となる．ただしここでオイラーの方程式 (2.16) 式より，

$$G = E - TS + PV = \mu N \tag{6.7}$$

であることを用いた．

以上の結果をまとめると以下のようになる．

相転移点での熱力学関数の関係

A 相と B 相の間の相転移点では，一般に以下の関係式が成立する．

1) $\mu_{\text{A}}(T, P) = \mu_{\text{B}}(T, P)$

$$\Updownarrow$$

$$\left(\frac{\partial G}{\partial N_{\text{A}}}\right)_{TP} = \left(\frac{\partial G}{\partial N_{\text{B}}}\right)_{TP}$$

2) $G_{\text{A}}(T, P) = G_{\text{B}}(T, P)$ (6.8)

したがって相転移点において，G および $\left(\dfrac{\partial G}{\partial N}\right)_{TP}$ が連続となる．

この相移転点における自由エネルギーと化学ポテンシャルの振る舞いを用いて，相転移を分類することができる．相転移とは，相の性質が不連続に変化する点のことである．平衡系の熱力学的状態は，その系の統計集団に対応する自

由エネルギーで完全に記述することができるため,相転移に伴う不連続変化は自由エネルギーの持つ不連続性として表現できるはずである.ただし,(6.8) 式に示したように自由エネルギーおよびその粒子数に関する微分は相転移の際に連続であるので,その他の変数についての微分係数に不連続性が現れることになる.どの次数の微分係数に不連続性が現れるかによって,相転移は以下のように分類される.

相転移の分類

1) 1 次相転移

$$V = \left(\frac{\partial G}{\partial P}\right)_{TN} \quad \text{および} \quad S = \left(\frac{\partial G}{\partial T}\right)_{PN} \text{に不連続性が現れる.} \quad (6.9)$$

体積の飛びは相転移に伴う体積変化,エントロピーの飛びは潜熱として観測され,1 次相転移を示す指標として使われる.

2) 連続相転移

V, S は連続だが G の高階微分 $\left(\dfrac{\partial^2 G}{\partial T^2}\right)$ などが不連続になる.

　自由エネルギーの n 階微係数が初めて不連続になるとき,この転移を n 次の相転移と呼ぶことがある(エーレンフェスト (Ehrenfest) の定義).ただしこの転移の次数の定義は不明瞭な部分があり,次数が確定できない転移も存在する.

6.2　相転移の統計力学の例 1
―秩序・無秩序転移とイジング・モデル―

　本節および次節では,相転移を統計力学を用いて定式化する方法を具体例を用いて解説する.対象としては相互作用のある古典系に限定する.具体的な例として,近接相互作用する磁性体の強磁性・常磁性相転移と相互作用のある希薄気体の気相と液相の間の相転移を考える.

6.2 相転移の統計力学の例 1

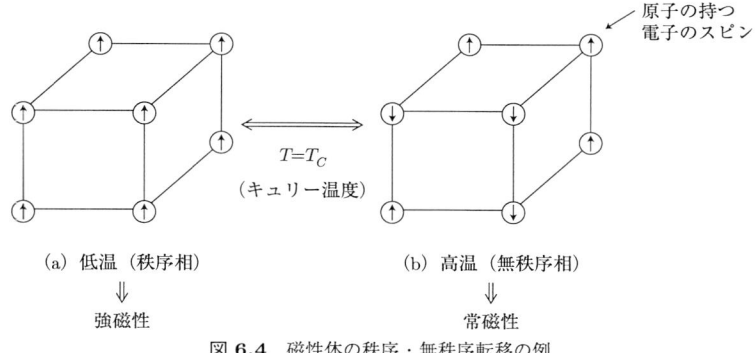

図 6.4 磁性体の秩序・無秩序転移の例
(a) 強磁性相と (b) 常磁性相

相互作用を持つ系の扱いはそれぞれの系に固有の方法がある場合が多いが，ここでは比較的応用範囲の広い平均場近似とクラスタ展開法を解説する．これらの方法は，系を構成する粒子の間の相互作用を近似的に取り入れる方法である．

まず，本節では，秩序・無秩序転移とイジング (Ising)・モデルについて解説する．

6.2.1 秩序・無秩序転移の定義

相転移の 1 つのタイプとして，系を構成する粒子が秩序だった状態を持つ相と無秩序な相の間で生じる転移がある．これを秩序・無秩序転移と呼ぶ．ここで，秩序あるいは無秩序という言葉の定義は以下のとおりである．

$$\begin{cases} 秩序状態： & 対応する微視的状態の数が少ない巨視的状態 \\ 無秩序状態： & 対応する微視的状態の数が多い巨視的状態 \end{cases} \tag{6.10}$$

6.2.2 磁性体の常磁性・強磁性転移

秩序・無秩序転移の代表的な例は，磁性体の強磁性相と常磁性相の間の転移である．磁性体においては，結晶格子点に配置された原子に局在する電子の持つスピン間の相互作用によって磁性が生じる．電子は FD 粒子であるので，(5.7) 式に示したように 2 つの電子を入れ替えたときには，系の波動関数は符号を反転しなくてはならない．ここで電子の量子状態は，その空間的な分布（軌道）の自由度とスピンの自由度の 2 つの自由度からできていることに注意しよう．粒子

の入れ替えに対して波動関数が符号を変えなくてはならないという制限は，隣接する原子に属する電子の空間配置によってスピン変数の間に実質的に相互作用が生じることと等価である．このようなスピン間の相互作用には，隣接するスピンを揃えようとする効果を持つ場合（強磁性）と，隣接するスピンを反対方向に向けようとする場合（反強磁性）とがある．このようなスピン間の相互作用は，隣り合ったスピン間に相関を与えるだけでなく，隣接するスピン間を次々と伝達され，長距離にわたるスピンの相関を作り出すことがある．秩序相とはこのようにして形成される状態である．

図 6.4 に強磁性体の常磁性・強磁性相転移の模式図を示す．(b) の常磁性相ではスピンの方向はばらばらで，系全体でスピンを平均した場合には正味のスピンは 0 である．一方，(a) の強磁性相ではスピン間の相互作用によりスピンは巨視的に揃った状態を取っている．このような系では，系全体にわたって巨視的なスピンが発生し，この物質は磁石として振る舞うことになる．

6.2.3　秩序・無秩序転移の直感的説明

秩序・無秩序転移には，それぞれの相の巨視的状態に対応する微視的状態数の多寡が関与していることを述べた．このような微視的状態数は，3.4 節で導入した統計力学的エントロピー S に対応していることがわかる．したがって，微視的状態数の多い無秩序相を系が選択する理由は，エントロピーを高くしたいという熱力学第 2 法則による傾向であるといえる．一方，磁性体の例で見たようにスピンが揃った秩序状態を作り出す原動力はスピン間の相互作用，すなわち内部エネルギー E の効果である．このように秩序・無秩序転移は，エントロピー S と内部エネルギー E の競合によって生じることがわかる．この事情は，温度・体積・粒子数の固定された系のカノニカル集団を用いれば容易に理解できる．カノニカル集団の平衡状態は，ヘルムホルツの自由エネルギー

$$F = E - TS \tag{6.11}$$

を最小にする状態として決まる．自由エネルギーを最小にするには，内部エネルギー E を小さくするかあるいはエントロピー S を大きくするかのどちらかが起こればよい．内部エネルギーの低い状態は秩序状態に相当し，エントロピーの大きな状態は無秩序状態に対応している．これら競合する 2 つの要素の重要

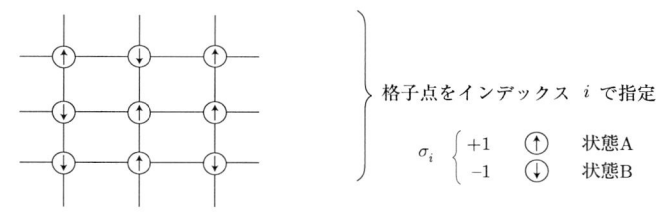

図 6.5 強磁性体のイジング・モデルの模式図

度の比率を決めるのが，系の温度 T である．(6.11) 式において，低温ではエントロピーの寄与は相対的に小さくなり，内部エネルギーが支配的になるので秩序相が出現する．一方，高温ではエントロピーの効果が大きくなるため，無秩序相が出現することになる．

秩序・無秩序転移

平衡状態 ⇔ $F = E - TS$ を最小化

低温　　E が支配的　　→　秩序相
高温　　S が支配的　　→　無秩序相

6.2.4　イジング・モデル—秩序・無秩序転移の統計力学モデル—

磁性体の秩序・無秩序転移のモデルとして有名なモデルにイジング・モデルがある．このモデルは，図 6.5 に示したように，結晶格子点上に配置されたスピンが，近接のスピンと相互作用を持っていると考えるモデルである．i 番目の格子点のスピンの状態を σ_i という変数で表すことにする．ここでは簡単のためにスピンは空間のある方向に平行あるいは反平行な 2 つの状態のみとれるとし，それらを $\sigma_i = +1$ および $\sigma_i = -1$ とする．隣り合うスピンの間に方向を揃えようとする相互作用がある場合（強磁性の場合），系のハミルトニアンは

$$H = -J \sum_{\langle i,j \rangle} \sigma_i \sigma_j - h \sum_i \sigma_i \tag{6.12}$$

で与えられる．ここで，J はスピン間の相互作用の強さを表す定数で，強磁性体では $J > 0$ である．スピン間相互作用は最近接の格子点 (i, j) にだけ作用していると仮定する．和の記号 $\sum_{\langle i,j \rangle}$ は，そのような最近接格子点対についての和を意味する．右辺第 2 項の h は，外部からこの系に加えられた磁場の強さを表しており，外部磁場によって異なるスピン状態のエネルギーが分離するゼーマン効果を表している．以後は，簡単のために外部磁場はない状況だけを考え，$h = 0$ と仮定する．

6.2.5 イジング・モデルの熱的性質

ここでは，古典カノニカル集団の方法を用いてイジング・モデルを解析する．N 個のスピンから構成されるイジング・モデルを考える．各スピンは格子点に局在しているので，それぞれのスピンは見分けがつくと考えてよい．ただしスピン間には相互作用があるため，理想系のときに用いた 1 粒子状態和の概念を用いることはできず，全系の状態和 Z を直接計算する必要がある．(6.12) 式のハミルトニアンを用いると（ただし $h = 0$），全系の状態和は

$$Z = \sum_{\sigma_1 = \pm 1} \cdots \sum_{\sigma_N = \pm 1} \exp\left[-\beta H(\sigma_1, \cdots, \sigma_N)\right]$$
$$= \sum_{\{\sigma_i\}} \exp\left[\beta J \sum_{\langle i,j \rangle} \sigma_i \sigma_j\right] \tag{6.13}$$

となる．ここで $\sum_{\sigma_1 = \pm 1} \cdots \sum_{\sigma_N = \pm 1} \equiv \sum_{\{\sigma_i\}}$ と略記した．

6.2.6 平均場理論

(6.13) 式の状態和は，1 次元，2 次元系では $N \to \infty$ の極限で理論的に厳密に解けることが知られている[*3]．3 次元イジング系の厳密解は現時点でも知られておらず，3 次元イジング・モデルの熱的性質を調べるためには，数値シミュレーションあるいは近似理論に頼る必要がある．ここでは，もっとも簡単な近似理論である平均場近似（ブラッグ–ウィリアムズ (Bragg-Williams) 近似）を用いた理論を解説する．

[*3] 1 次元系はイジングによって解かれ，2 次元系はオンサーガー (Onsager) によって解かれた．

平均場近似では以下のような仮定をおく．

イジング・モデルの平均場理論

各格子点に確率 $\left\{ \begin{array}{l} N_\mathrm{A}/N \text{ で A 粒子 } (\sigma = +1) \\ N_\mathrm{B}/N \text{ で B 粒子 } (\sigma = -1) \end{array} \right\}$ がランダムに配置されていると仮定して状態和を計算する．

このようにスピン間の相関を無視する近似が平均場近似である．

(6.13) 式の指数関数の引数のスピン対についての和は，系の中にある $A-A$, $B-B$ および $A-B$ 状態の最近接対の数を求めることで計算できる．平均場近似の下では，これらの対の数は以下のようになる．

$$\begin{aligned}
A-A \text{ 対の数} &= N_\mathrm{AA} \sim \frac{1}{2}zN\left(\frac{N_\mathrm{A}}{N}\right)\left(\frac{N_\mathrm{A}}{N}\right) \\
B-B \text{ 対の数} &= N_\mathrm{BB} \sim \frac{1}{2}zN\left(\frac{N_\mathrm{B}}{N}\right)\left(\frac{N_\mathrm{B}}{N}\right) \\
A-B \text{ 対の数} &= N_\mathrm{AB} \sim \frac{1}{2}zN\left[\left(\frac{N_\mathrm{A}}{N}\right)\left(\frac{N_\mathrm{B}}{N}\right) + \left(\frac{N_\mathrm{B}}{N}\right)\left(\frac{N_\mathrm{A}}{N}\right)\right]
\end{aligned}$$
(6.14)

ここで z は各格子点の最近接の格子点の数である．たとえば，3次元立方格子の場合，$z=6$ となる．1個の格子点には z 個の最近接格子点があるので，系全体で最近接格子点対の数が $zN/2$ となることに注意しよう．この平均場近似の結果を用いれば，(6.13) 式の指数関数の引数は

$$\beta J \sum_{\langle i,j \rangle} \sigma_i \sigma_j \sim \frac{1}{2}\beta JzN\left[\left(\frac{N_\mathrm{A}}{N}\right)^2 - 2\left(\frac{N_\mathrm{A}}{N}\right)\left(\frac{N_\mathrm{B}}{N}\right) + \left(\frac{N_\mathrm{B}}{N}\right)^2\right] \quad (6.15)$$

となる．ここで拘束条件

$$N_\mathrm{A} + N_\mathrm{B} = N \quad (6.16)$$

が課せられていることに注意しよう．この拘束条件のために，N_A と N_B は独立ではないことがわかる．したがって N_A，N_B の代わりに1つの変数を新たに導入すると便利である．そのような変数として

$$\phi \Leftrightarrow \begin{cases} \dfrac{N_{\mathrm{A}}}{N} = \dfrac{1}{2}(1+\phi) \\ \dfrac{N_{\mathrm{B}}}{N} = \dfrac{1}{2}(1-\phi) \end{cases} \tag{6.17}$$

で定義される秩序パラメタ ϕ を導入しよう．この定義より

$$\begin{aligned}
\phi = 0 &\Rightarrow \quad \frac{N_{\mathrm{A}}}{N} = \frac{N_{\mathrm{B}}}{N} = \frac{1}{2} \qquad &\text{無秩序相} \\
\phi = 1 &\Rightarrow \quad \frac{N_{\mathrm{A}}}{N} = 1 \quad \frac{N_{\mathrm{B}}}{N} = 0 \qquad &\text{秩序相} \\
\phi = -1 &\Rightarrow \quad \frac{N_{\mathrm{A}}}{N} = 0 \quad \frac{N_{\mathrm{B}}}{N} = 1 \qquad &\text{秩序相}
\end{aligned} \tag{6.18}$$

となることがわかる．したがって，$\phi = \pm 1$ および $\phi = 0$ がそれぞれ秩序相と無秩序相に対応する．

(6.17) 式を (6.15) 式に適用すると，

$$\beta J \sum_{\langle i,j \rangle} \sigma_i \sigma_j \sim \frac{1}{2}\beta JzN \left[\frac{N_{\mathrm{A}}}{N} - \frac{N_{\mathrm{B}}}{N} \right]^2 = \frac{1}{2}\beta JzN\phi^2 \tag{6.19}$$

となる．この結果を (6.13) 式に代入すると，

$$\begin{aligned}
Z &= \sum_{\{\sigma_i\}} \exp\left[\frac{1}{2}\beta JzN\phi^2\right] \\
&= \exp\left[\frac{1}{2}\beta JzN\phi^2\right] \sum_{\{\sigma_i\}} 1 \\
&= \frac{N!}{N_{\mathrm{A}}!N_{\mathrm{B}}!} \exp\left[\frac{1}{2}\beta JzN\phi^2\right]
\end{aligned} \tag{6.20}$$

を得る．ここで 2 行目から 3 行目に移行するときに，N 個のスピンの可能な配置の総数が N 個の格子点に N_{A} 個の A 粒子と N_{B} 個の B 粒子をばら撒くばら撒き方の数になることを用いた．

この結果にスターリングの公式 (3.17) 式を用いると，系のヘルムホルツの自由エネルギーは

$$\begin{aligned}
F &= -k_{\mathrm{B}} T \ln Z \\
&= -k_{\mathrm{B}} T \left[(N \ln N - N) - (N_{\mathrm{A}} \ln N_{\mathrm{A}} - N_{\mathrm{A}}) \right.
\end{aligned}$$

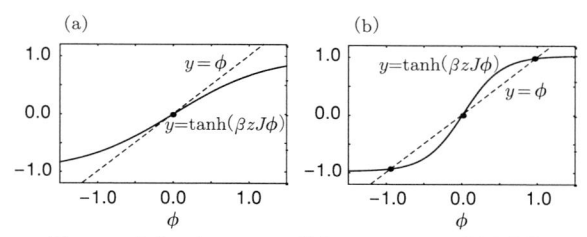

図 **6.6** イジング・モデルの秩序パラメタの図形的決定法
(a) $\beta zJ < 1$ の場合と (b) $\beta zJ > 1$ の場合

$$-(N_\mathrm{B} \ln N_\mathrm{B} - N_\mathrm{B}) + \frac{1}{2}\beta JzN\phi^2\right] \tag{6.21}$$

となるので，(6.17) 式を用いれば

$$\frac{F(\phi)}{N} = k_\mathrm{B}T\left[\frac{1}{2}(1+\phi)\ln(1+\phi) + \frac{1}{2}(1-\phi)\ln(1-\phi) - \frac{1}{2}\beta Jz\phi^2\right] \tag{6.22}$$

となる．この式の右辺の第 1 項と第 2 項はスピンの配置に関するエントロピーであり，3.6.5 項で議論した理想気体の混合の際のエントロピーと本質的に同じものである．一方，右辺第 3 項は隣接スピン間の相互作用を表している．

秩序パラメタ ϕ の平衡値は，$F(\phi)$ を最小化することで得られる．この最小条件は

$$\frac{\partial F(\phi)}{\partial \phi} = 0 \quad \text{かつ} \quad \frac{\partial^2 F(\phi)}{\partial \phi^2} > 0 \tag{6.23}$$

で与えられる．(6.23) 式の第 1 式に (6.22) 式を代入すると

$$\phi = \tanh(\beta Jz\phi) \tag{6.24}$$

を得る．(6.24) 式は秩序パラメタ ϕ を決めるための方程式であるが，解析的に解くことはできない．ここでは (6.24) 式を図形的に解くことを考えてみる．図 6.6 に示すように，(6.24) 式の解は $y-\phi$ 平面上の曲線 $y = \tanh(\beta zJ\phi)$ と直線 $y = \phi$ との交点で与えられる．$y = \tanh(\beta zJ\phi)$ の $\phi = 0$ での接線の傾きが βzJ であることより，(a) の $\beta zJ < 1$ の場合には交点は 1 個，(b) の $\beta zJ > 1$ の場合には交点は 3 個存在することがわかる．したがって秩序パラメタの平衡値は，$\beta zJ < 1$ のときには $\phi = 0$（無秩序相）のみであるのに対して，$\beta zJ > 1$ のときには $\phi \neq 0$ となる解（秩序相）が存在することになる．ま

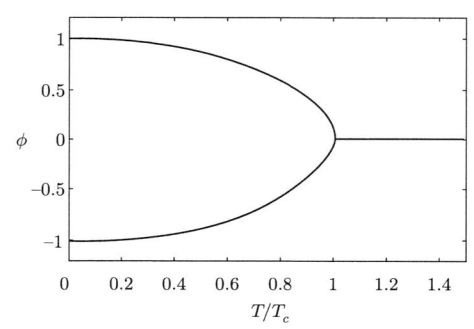

図 6.7 イジング・モデルの相図
$T > T_c$ が無秩序相, $T < T_c$ が秩序相である.

た (6.23) 式の第 2 式の安定条件より, $\beta zJ > 1$ の場合の $\phi = 0$ の解は不安定解であり, それ以外の解は安定解であることがわかる. これらの事情をまとめると, 図 6.7 のような相図を得る. 秩序・無秩序転移は, 解の挙動が変化する $\beta zJ = 1$ の点, すなわち

$$T_c = \frac{zJ}{k_\mathrm{B}} \tag{6.25}$$

において生じることがわかる. この温度は磁性体のキュリー温度に相当する.

6.2.7 $h = 0$ のイジング・モデルの秩序・無秩序転移の次数

最後にイジング・モデルの転移の次数を議論しておこう. 磁性体の状態を特徴づける物理量は, 次式で定義される磁化である.

$$m \equiv \left\langle \sum_i \sigma_i \right\rangle \tag{6.26}$$

これは系のスピンの総和に相当する. 平均 $\langle \ \rangle$ はスピンのカノニカル分布に関する平均である.

(6.12) 式のハミルトニアンを用いてカノニカル分布を書き下すと,

$$P(\{\sigma_i\}) = \frac{1}{Z} \exp\left[-\beta\left\{-J\sum_{\langle i,j \rangle}\sigma_i\sigma_j - h\sum_i \sigma_i\right\}\right] \tag{6.27}$$

であるから, 磁化は

6.2 相転移の統計力学の例 1

$$
\begin{aligned}
m &= \left\langle \sum_i \sigma_i \right\rangle \\
&= \frac{\sum_{\{\sigma_i\}} \left(\sum_i \sigma_i\right) \exp\left[-\beta\left\{-J\sum_{\langle i,j\rangle}\sigma_i\sigma_j - h\sum_i \sigma_i\right\}\right]}{\sum_{\{\sigma_i\}} \exp\left[-\beta\left\{-J\sum_{\langle i,j\rangle}\sigma_i\sigma_j - h\sum_i \sigma_i\right\}\right]} \\
&= k_\mathrm{B} T \frac{\partial}{\partial h} \ln\left[\sum_{\{\sigma_i\}} \exp\left[-\beta\left\{-J\sum_{\langle i,j\rangle}\sigma_i\sigma_j - h\sum_i \sigma_i\right\}\right]\right] \\
&= -\frac{\partial}{\partial h}\left[-k_\mathrm{B} T \ln Z\right] \\
&= -\frac{\partial F}{\partial h}
\end{aligned}
\tag{6.28}
$$

で与えられる．

一方，(6.17) 式より

$$
m = \left\langle \sum_i \sigma_i \right\rangle = N_\mathrm{A} - N_\mathrm{B} = N\left[\frac{1}{2}(1+\phi) - \frac{1}{2}(1-\phi)\right] = N\phi \tag{6.29}
$$

であるから，結局

$$
\phi = -\frac{1}{N}\frac{\partial F}{\partial h} \tag{6.30}
$$

となり，秩序パラメタ ϕ と外部磁場 h が熱力学的に共役な変数であることがわかる．

図 6.7 で $T = T_c$ において，

$$
\begin{aligned}
\phi &= \left.-\frac{1}{N}\frac{\partial F}{\partial h}\right|_{h=0} \quad \text{は連続} \\
\frac{\partial \phi}{\partial T} &= \left.-\frac{1}{N}\frac{\partial^2 F}{\partial h \partial T}\right|_{h=0} \quad \text{は不連続}
\end{aligned}
\tag{6.31}
$$

ということになり，自由エネルギー F の 1 階微分は連続だが，2 階微分は不連続となる．したがって，6.1.3 項の「相転移の分類」に示した定義により，$h=0$ のイジング・モデルの平均場近似による転移の次数は 2 次であることになる．

6.3 相転移の統計力学の例2
—非理想気体のビリアル展開と気相–液相転移—

本節では，相転移の統計力学の2つ目の例として非理想気体の気相–液相転移について解説する．

6.3.1 非理想気体の相転移

理想気体とは粒子間に相互作用のない気体であった[*4]．理想気体が相転移を示さないのは，(3.148) 式の理想気体のヘルムホルツ自由エネルギーが温度や体積に関して何度でも微分できて連続であることから明らかである．これに対して実在の気体は，温度を下げたり圧力を上げたりすることで液体・固体に相転移する．したがって，気体が液体や固体に相転移するには粒子間の相互作用が必要であることがわかる．

6.3.2 非理想気体のハミルトニアンと状態和

質量 m の N 個の同種の構造を持たない粒子（単原子分子）からなる気体を考える．粒子間には，粒子間距離 r に対して $\Phi(r)$ で表される粒子間の相互作用ポテンシャルが作用しているものとする．この系のハミルトニアンは

$$H\left(\{\mathbf{r}_i\}, \{\mathbf{p}_i\}\right) = \sum_{i=1}^{N} \frac{1}{2m} |\mathbf{p}_i|^2 + \sum_{i<j} \Phi(r_{ij}) \tag{6.32}$$

で与えられる．ここで，

$r_{ij} \equiv |\mathbf{r}_i - \mathbf{r}_j|$

$\Phi(r)$：粒子対の中心間距離が r のときの相互作用ポテンシャル
　　　　（球対称ポテンシャルを仮定）

$\sum_{i<j}$：インデックスが $i<j$ を満たす粒子対に関する和

[*4] より正確に言えば，平衡ではない状態から出発して平衡状態に至るためには，粒子間の相互作用が必要である．なぜなら，粒子間に相互作用がなければ粒子は運動量を交換することができず，粒子の速度分布はいつまでたっても非平衡の分布のままだからである．したがって，統計力学で扱う理想気体とは，相互作用はあるが，その効果が無視できるくらい小さい気体のことである．

である.

相互作用があるため，理想気体のときのように1粒子状態和を用いた計算はできない．全系の状態和は，

$$\begin{aligned}
Z &= \frac{1}{N!}\frac{1}{h^{3N}}\int d\mathbf{r}_1 \cdots \int d\mathbf{r}_N \int d\mathbf{p}_1 \cdots \int d\mathbf{p}_N \\
&\quad \times \exp\left[-\beta\left\{\sum_{i=1}^{N}\frac{1}{2m}|\mathbf{p}_i|^2 + \sum_{i<j}\Phi(r_{ij})\right\}\right] \\
&= \frac{1}{\lambda_\mathrm{T}^{3N}}\frac{1}{N!}\int d\mathbf{r}_1 \cdots \int d\mathbf{r}_N \exp\left[-\beta\sum_{i<j}\Phi(r_{ij})\right] \\
&\equiv \frac{1}{\lambda_\mathrm{T}^{3N}}\tilde{\Omega}(T,V)
\end{aligned} \tag{6.33}$$

となる．ここで，λ_T は (5.95) で定義した熱的ド・ブロイ波長であり，$\tilde{\Omega}(T,V)$ は第2行目の座標積分の部分で定義される量で，配置状態和と呼ばれる．

(6.33) 式の状態和の中で，熱的ド・ブロイ波長の部分は理想気体とまったく同一である．したがって，相互作用の効果はすべて配置状態和に含まれており，この部分をどのように計算するかが焦点になる．この配置状態和の計算は，相互作用関数 $\Phi(r)$ が長距離相互作用（クーロン (Coulomb) 力など）なのか，あるいは短距離相互作用（ファン・デル・ワールス (van der Waals) 分子間力など）なのかによって扱いが変わってくる．本書では，短距離相互作用の場合に限って議論を進めることにする．

6.3.3 短距離相互作用とメイヤー (Mayer) の f 関数

粒子間の短距離相互作用の代表的な例は，ファン・デル・ワールス分子間相互作用である．これは希ガス分子など単原子分子の振る舞いをよく表すポテンシャルとして知られている．図 6.8(a) に示すように，ファン・デル・ワールスポテンシャルは，粒子間の間隔が近い領域での強い斥力と，比較的遠くまで及ぶ弱い引力とから構成されている．2粒子の中心間距離 r が小さいときに作用する斥力は，2つの粒子の電子雲が重なったときにパウリの排他原理によって同じ状態に2つの電子が入れないことから，電子がエネルギーの高い励起状態に遷移することに起因している．一方，r の大きい領域の引力は，電子の運動による電子雲の球形からのひずみがつくり出す瞬間的な電気双極子に起因する

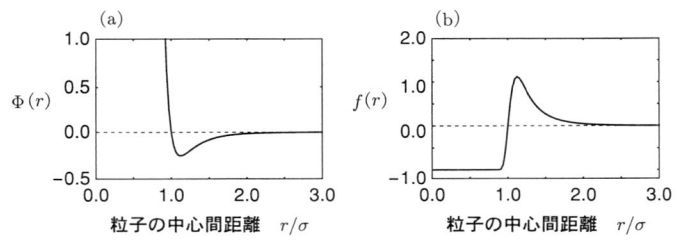

図 6.8 (a) ファン・デル・ワールスポテンシャルの概形と (b) メイヤーの f 関数

相互作用で，距離の -6 乗に比例して減衰する．

このような相互作用ポテンシャルを用いて配置状態和 $\tilde{\Omega}$ を計算する際の問題は，$r \to \infty$ の極限でボルツマン因子 $e^{-\beta\Phi(r)}$ が $e^{-\beta\Phi(r)} \to 1$ となるため，(6.33) 式の座標積分の被積分関数が全空間にわたって 0 でない値をとり，積分の計算が困難になる点である．この問題を解決するためには，

$$f(r) \equiv e^{-\beta\Phi(r)} - 1 \tag{6.34}$$

という関数を導入すると便利である．この関数はメイヤーの f 関数と呼ばれるもので，図 6.8(b) に示すように f 関数が 0 でない値をとる領域は空間の中で粒子の相互作用が及ぶ程度の領域に限られる．

(6.34) 式を (6.33) 式の配置状態和に代入すると，

$$\begin{aligned}
\tilde{\Omega} &= \frac{1}{N!} \int d\mathbf{r}_1 \cdots \int d\mathbf{r}_N \exp\left[-\beta \sum_{i<j} \Phi(r_{ij})\right] \\
&= \frac{1}{N!} \int d\mathbf{r}_1 \cdots \int d\mathbf{r}_N \prod_{i<j} \exp\left[-\beta\Phi(r_{ij})\right] \\
&= \frac{1}{N!} \int d\mathbf{r}_1 \cdots \int d\mathbf{r}_N \prod_{i<j} (1 + f_{ij})
\end{aligned} \tag{6.35}$$

と計算できる．ここで

$$f_{ij} \equiv f(r_{ij}) \tag{6.36}$$

と定義した．

6.3.4 状態和の摂動展開

(6.35) 式において

$$\int d\mathbf{r}\ [1+f(r)] = V + \int d\mathbf{r} f(r) \tag{6.37}$$

となるが,右辺第 1 項が系の体積であるのに対して第 2 項は粒子の相互作用の及ぶ領域の体積程度の量であり,希薄気体では第 1 項に比べて十分に小さい. したがって,右辺第 1 項に対して第 2 項を摂動のように扱い,状態和を摂動展開することが可能である[*5].

関係式

$$(1+x_1)(1+x_2)\cdots(1+x_M) = 1 + \sum_{i=1}^{M} x_i + (x_i の 2 次以上の項) \tag{6.38}$$

を用いれば,(6.35) 式の配置状態和は

$$\tilde{\Omega} = \frac{1}{N!}\int d\mathbf{r}_1 \cdots \int d\mathbf{r}_N \left[1 + \sum_{i<j} f_{ij} + (f_{ij} の 2 次以上の項)\right] \tag{6.39}$$

となる.メイヤーの f 関数 f_{ij} は粒子 i と粒子 j の間に相互作用が働いていることを示している.系を構成する N 個の粒子は相互作用によって互いに複雑に相関を持っている.配置状態和に含まれる各項は,このような粒子間の相関の効果をメイヤーの f 関数で結びつけられた粒子のかたまり(クラスタ)として表現している.(6.39) 式の展開は f_{ij} の次数に関する摂動展開になっており,相互作用で結びつけられた粒子クラスタに関する展開であるとみなすことができる.この事情により,(6.39) 式の展開はクラスタ展開と呼ばれる.

(6.39) 式の展開の最初の補正項 (f_{ij} の 1 次の項) を具体的に計算してみよう. (6.39) 式に現れた積分は

$$\int d\mathbf{r}_1 \cdots \int d\mathbf{r}_N 1 = V^N \tag{6.40}$$

$$\int d\mathbf{r}_1\ \cdots \int d\mathbf{r}_N \sum_{i<j} f(r_{ij})$$

[*5] (6.35) 式の状態和においてはこの関係が単純には成り立たないが,後ほどこの仮定の妥当性に関しては検討する.

$$
\begin{aligned}
&= \sum_{i<j} \int d\mathbf{r}_1 \cdots \int d\mathbf{r}_N f(r_{ij}) \\
&= \sum_{i<j} V^{N-2} \int d\mathbf{r}_i \int d\mathbf{r}_j f(r_{ij})
\end{aligned}
\tag{6.41}
$$

と計算される．第2式の最後の行に移るときに，粒子 i と粒子 j 以外の粒子の座標について先に積分した．相対座標系

$$
\begin{cases} \mathbf{r} = \mathbf{r}_i - \mathbf{r}_j \\ \mathbf{R} = (\mathbf{r}_i + \mathbf{r}_j)/2 \end{cases}
\tag{6.42}
$$

に移ると，先ほどの積分は

$$
\begin{aligned}
&\int d\mathbf{r}_1 \cdots \int d\mathbf{r}_N \sum_{i<j} f(r_{ij}) \\
&= V^{N-2} \sum_{i<j} \int d\mathbf{R} \int d\mathbf{r} f(r) \\
&= V^{N-2} \frac{N(N-1)}{2} V \int_0^\infty 4\pi r^2 f(r) dr \\
&\sim \frac{1}{2} V^N \frac{N^2}{V} \int_0^\infty 4\pi r^2 f(r) dr
\end{aligned}
\tag{6.43}
$$

となる．ただし最後の行に移るときに $N-1 \sim N$ とした．

この結果と (6.39) 式を (6.33) 式に代入すると，

$$
Z = \frac{1}{\lambda_{\mathrm{T}}^3} \frac{V^N}{N!} \left[1 + \frac{N}{2} \frac{N}{V} \int_0^\infty 4\pi r^2 f(r) dr + \cdots \right]
\tag{6.44}
$$

を得る．この右辺の第2項は，気体の密度が十分に低ければ第1項に比べて小さくできるので，ここで用いた摂動は低濃度の気体に対しては正当化できる．

6.3.5 非理想気体の自由エネルギーと状態方程式

(6.44) 式を用いれば，ヘルムホルツの自由エネルギーは

$$
\begin{aligned}
F &= -k_\mathrm{B} T \ln Z \\
&= -k_\mathrm{B} T \left[\ln \frac{V^N}{\lambda_\mathrm{T}^3 N!} + \ln \left\{ 1 + \frac{N}{2} \frac{N}{V} \int_0^\infty 4\pi r^2 f(r) dr + \cdots \right\} \right]
\end{aligned}
$$

$$
\begin{aligned}
&= F_0 - \frac{Nk_\mathrm{B}T}{V}\frac{N}{2}\int_0^\infty 4\pi r^2 f(r)dr + \cdots \\
&= F_0 + \frac{nRT}{V}nB(T) + \cdots
\end{aligned}
\quad (6.45)
$$

となる.ここで,F_0 は摂動の 0 次の項に相当する理想気体の自由エネルギーであり,n は気体のモル数,R は気体定数,$B(T)$ はアボガドロ数を $\mathcal{N}_\mathrm{A}$ として

$$ B(T) \equiv -\frac{\mathcal{N}_\mathrm{A}}{2}\int_0^\infty 4\pi r^2 f(r)dr \quad (6.46)$$

で定義される量で,温度の関数である.(6.45) 式の変形で第 2 行目から第 3 行目に移るときに

$$ \ln(1+\epsilon) \sim \epsilon \quad (\epsilon \ll 1 \text{ のとき}) \quad (6.47)$$

という近似式を用いた.

次にこの気体の状態方程式を求める.熱力学関係式

$$ P = -\left(\frac{\partial F}{\partial V}\right)_{TN} \quad (6.48)$$

より,

$$
\begin{aligned}
P &= -\left(\frac{\partial F_0}{\partial V}\right)_{TN} - \frac{\partial}{\partial V}\left(\frac{nRT}{V}nB(T)\right) + \cdots \\
&= \frac{nRT}{V} + \frac{nRT}{V^2}nB(T) + \cdots
\end{aligned}
\quad (6.49)
$$

となる.ここで F_0 が理想気体の自由エネルギーであることから,$-(\partial F_0/\partial V)_{TN}$ の項が理想気体の状態方程式を与えることを使った.結局,濃度に関する補正項の 1 次までの範囲で

$$ P = \frac{nRT}{V}\left[1 + \frac{n}{V}B(T)\cdots\right] \quad (6.50)$$

という関係式を得た.この式は非理想気体の状態方程式を密度のべき乗で摂動展開したものに相当しており,状態方程式のビリアル (virial) 展開と呼ぶ.また,展開係数 $B(T)$ は第 2 ビリアル係数と呼ばれる.

6.3.6 第 2 ビリアル係数の物理的意味

(6.50) 式で導いた状態方程式に現れた第 2 ビリアル係数 $B(T)$ の物理的な意

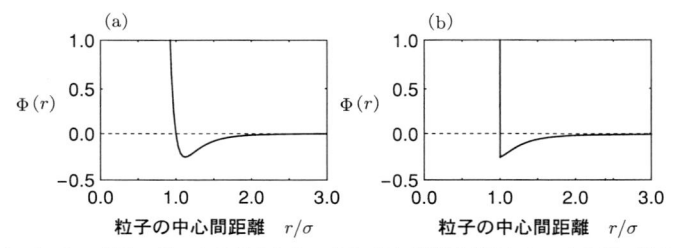

図 6.9 (a) ファン・デル・ワールスポテンシャルと (b) 剛体球ポテンシャルと弱い引力ポテンシャルでファン・デル・ワールスポテンシャルを理想化したポテンシャル

味を考察してみる．

図 6.9(b) に示すように，直径が σ の剛体球ポテンシャルとその周りに存在する弱い引力ポテンシャルで図 6.9(a) のファン・デル・ワールスポテンシャルを近似してみる．ここで剛体球ポテンシャルとは粒子の非常に硬い芯を表すポテンシャルで，2 つの粒子の中心間距離が σ 以下になると撃力が発生して，粒子間距離が σ 以下にはなることのできないポテンシャルである．また，外部の引力ポテンシャルの大きさは，熱エネルギー $k_\mathrm{B} T$ に比べて十分小さいと仮定する．このようなポテンシャルの簡単化を行うと，(6.34) 式と (6.46) 式を用いれば，

$$\begin{aligned}
B(T) &= \frac{\mathcal{N}_\mathrm{A}}{2} \int_0^\infty 4\pi r^2 \left(1 - e^{-\beta \Phi(r)}\right) dr \\
&\sim \frac{\mathcal{N}_\mathrm{A}}{2} \left[\int_0^\sigma 4\pi r^2 \left(1 - e^{-\beta \Phi(r)}\right) dr + \int_\sigma^\infty 4\pi r^2 \left(1 - e^{-\beta \Phi(r)}\right) dr \right] \\
&\sim \frac{\mathcal{N}_\mathrm{A}}{2} \left[\int_0^\sigma 4\pi r^2 dr + \int_\sigma^\infty 4\pi r^2 \{1 - (1 - \beta \Phi(r) + \cdots)\} dr \right] \\
&= \frac{\mathcal{N}_\mathrm{A}}{2} \left[\frac{4}{3}\pi \sigma^3 + \frac{1}{k_\mathrm{B} T} \int_\sigma^\infty 4\pi r^2 \Phi(r) dr + \cdots \right]
\end{aligned} \tag{6.51}$$

を得る．1 行目から 2 行目に移るときに $r < \sigma$ の領域では $\Phi(r) = \infty$ であることを用いた．また，2 行目から 3 行目に移るときには引力ポテンシャルが $|\beta \Phi(r)| \ll 1$ を満たす弱いポテンシャルであることを使って指数関数を展開し，1 次の補正のみを取り入れた．

$\mathcal{N}_\mathrm{A} k_\mathrm{B} = R$ という関係を用いると，第 2 ビリアル係数の具体的な表現が以下のように求まる．

$$B(T) = b - \frac{a}{RT}$$
$$b = \frac{\mathcal{N}_A}{2}\frac{4}{3}\pi\sigma^3 > 0$$
$$a = \frac{\mathcal{N}_A^2}{2}\int_\sigma^\infty (-\Phi(r))\,4\pi r^2 dr > 0 \tag{6.52}$$

ここで，パラメタ a の符号の判定に際して引力部分では $\Phi(r) < 0$ であることを使った．

6.3.7　ファン・デル・ワールス状態方程式

本節で求めた非理想気体の状態方程式 (6.50) 式に (6.52) 式の第 2 ビリアル係数の形を代入すると，気相–液相の相転移の熱力学モデルであるファン・デル・ワールスの状態方程式を導出することができる．このことを示してみよう．

(6.50) 式に (6.52) 式を代入し，低密度展開（ビリアル展開）における n/V の 2 次以上の項をまとめて $\mathcal{O}\left((n/V)^2\right)$ と書き，この高次の効果を無視する近似を行うと，

$$\begin{aligned}
P &= \frac{nRT}{V}\left[1 + \frac{n}{V}\left(b - \frac{a}{RT}\right) + \mathcal{O}\left(\left(\frac{n}{V}\right)^2\right)\right] \\
&= \frac{nRT}{V}\left[\left(1 + \frac{nb}{V}\right) - \frac{a}{RT}\frac{n}{V} + \mathcal{O}\left(\left(\frac{n}{V}\right)^2\right)\right] \\
&= \frac{nRT}{V}\left[\frac{1}{1-\frac{nb}{V}} - \frac{a}{RT}\frac{n}{V} + \mathcal{O}\left(\left(\frac{n}{V}\right)^2\right)\right] \\
&= \frac{\frac{nRT}{V}}{1-\frac{nb}{V}} - a\left(\frac{n}{V}\right)^2 + \mathcal{O}\left(\left(\frac{n}{V}\right)^3\right)
\end{aligned} \tag{6.53}$$

となる．この式を変形すれば，

$$P + a\left(\frac{n}{V}\right)^2 = \frac{\frac{nRT}{V}}{1-\frac{nb}{V}} + \mathcal{O}\left(\left(\frac{n}{V}\right)^3\right) \tag{6.54}$$

となり，n/V に関する最低次までの展開で以下のファン・デル・ワールス状態方程式が得られる．

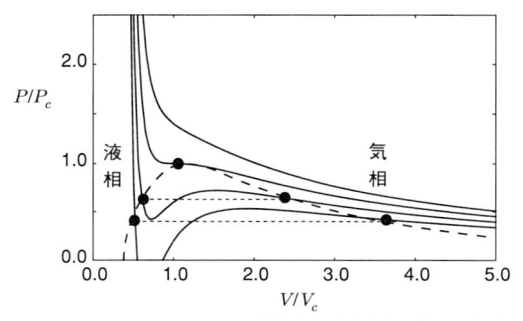

図 6.10　ファン・デル・ワールス状態方程式と気相–液相相転移の相図

$$\left\{P + a\left(\frac{n}{V}\right)^2\right\}\left(1 - \frac{nb}{V}\right) = \frac{nRT}{V} \quad (6.55)$$

　図 6.10 に示すように，ファン・デル・ワールス状態方程式は気相と液相の間の相転移を記述することが熱力学で知られている．したがって，本節で展開した議論は，気体粒子間の相互作用の効果を考慮することで理想気体にはない気相と液相の間の相転移を理論的に導くことができることを示していることになる．また，図 6.10 の曲線の振る舞いと (6.55) 式の状態方程式を比較すると，パラメタ a が重要な働きをしていることがわかる．(6.52) 式のパラメタの定義により，パラメタ a は粒子間の引力ポテンシャルを表している．したがって，気相-液相の相転移には粒子間の引力相互作用が必要であることがわかる[*6]．

[*6]　これに対して，粒子間の斥力相互作用は液相–固相の相転移の際に重要であることが計算機シミュレーションから示されている．

7 ゆらぎの統計力学

7.1 平衡状態の安定性とゆらぎ

　本書の最後の話題として，ゆらぎのある系の統計力学に関してごく簡単に議論しておこう．これまでの章ではゆらぎのことは考えずに熱力学極限における平均値のみを議論の対象としてきた．このような熱力学極限においては，物理量はその平均値に非常に鋭く分布するため，平均値周りのゆらぎの性質を議論する必要はなく，統計集団の違いは顕在化しなかった．ところが統計力学は，平均値のみならず平均値周りのゆらぎをも取り扱うことができる．このようなゆらぎの性質には，統計集団の違い，すなわち系に課せられた熱力学的拘束条件の違いが現れてくる．

　熱力学的な平衡状態とは，系に課せられた拘束条件の下で統計力学エントロピーを最大にする状態であった[*1)]．このようなエントロピーの最大条件は

$$\begin{cases} \text{停留条件} & \delta S = 0 & \Rightarrow \text{6.1.2 項の相共存条件} \\ \text{安定条件} & \delta^2 S < 0 & \Rightarrow \text{平衡状態周りのゆらぎの性質} \end{cases} \quad (7.1)$$

と書くことができる．ただし δS はエントロピーの 1 階変分，$\delta^2 S$ は 2 階変分である．本章で議論するのは，安定条件にかかわるエントロピーの 2 階変分である．

　図 3.12 に示したように，全体として孤立系をなしている巨視的な系の一部分を考える．問題を簡単にするために，部分系の境界は粒子は通さないが体積変

[*1)] 熱力学的に見れば，このようにして定まる平衡状態は，与えられた拘束条件に対応する自由エネルギーが最小の状態であるということができる．

化と熱の伝播はできる境界であるとしよう[*2]．部分系のエントロピー，内部エネルギー，体積を S, E, V と書くことにする．一方，部分系の外の領域におけるこれらの値を S_0, E_0, V_0 とする．外部の領域は部分系に比べて十分に大きいと考え，熱浴として扱う．

まず全系の状態が $(E,V)+(E_0,V_0)$ という組み合わせになる確率を求めよう．全体系は孤立系なので，ミクロカノニカル集団の等重率の原理により

$$\mathrm{Prob}\begin{pmatrix}\text{全系の状態が}\\(E,V)+(E_0,V_0)\\\text{となる確率}\end{pmatrix} \propto \mathrm{Prob}\begin{pmatrix}(E,V)+(E_0,V_0)\\\text{という組み合わせになる微視的状態数}\end{pmatrix}$$

$$= W(E,V) \times W_0(E_0,V_0)$$

$$= \exp\left[\frac{1}{k_\mathrm{B}}\{S(E,V)+S_0(E_0,V_0)\}\right] \qquad (7.2)$$

が得られる．ここで Prob() は確率分布であり，W と W_0 は指定された巨視的状態に対応する部分系と熱浴の微視的状態の総数である．最後の行の変形では，$S=k_\mathrm{B}\ln W$ より $W=\exp[S/k_\mathrm{B}]$ であることを用いた．この式はゆらぎの出現確率を与えるもので，この確率分布の最大値を求めると平衡状態が得られる．

一方，部分系の平衡状態の安定性に関しては，以下の性質が示せる．

平衡状態の安定性

部分系とその外部の領域のエントロピーを S および S_0 とすれば，平衡状態で任意のゆらぎ ΔS および ΔS_0 が生じるとき，$\Delta(S+S_0) \leq 0$ が成立する．

(7.3)

孤立系の平衡状態はエントロピー最大の状態であるので，平衡状態におけるどのような変化もエントロピーを減少させることを意味している．この条件を用いて，具体的に平衡状態の安定性を議論してみよう．

[*2] 壁が粒子を通すとしても以後の議論とまったく同等の議論を行うことができるが，数式が多少煩雑になる．

7.2 エントロピーの安定性解析

系の自発的な熱ゆらぎによって，部分系の状態が

$$(E, V) \rightarrow (E + \Delta E, V + \Delta V) \tag{7.4}$$

と変化したとする．部分系のエントロピー変化 ΔS を ΔE および ΔV の 2 次まで計算すると，

$$\begin{aligned}\Delta S &= \left(\frac{\partial S}{\partial E}\right)^{\mathrm{e}}_V \Delta E + \left(\frac{\partial S}{\partial V}\right)^{\mathrm{e}}_E \Delta V \\ &\quad + \frac{1}{2}\left[\left(\frac{\partial^2 S}{\partial E^2}\right)^{\mathrm{e}}_V (\Delta E)^2 + 2\left(\frac{\partial^2 S}{\partial E \partial V}\right)^{\mathrm{e}} (\Delta E)(\Delta V) + \left(\frac{\partial^2 S}{\partial V^2}\right)^{\mathrm{e}}_E (\Delta V)^2\right]\end{aligned} \tag{7.5}$$

となる．ここで上付き添え字 e は，ゆらぎの生じていない平衡状態 (equilibrium) で偏微分係数を評価することを意味している．(7.5) 式の第 1 行目で，

$$\left(\frac{\partial S}{\partial E}\right)^{\mathrm{e}}_V = \frac{1}{T} = \frac{1}{T_0}, \qquad \left(\frac{\partial S}{\partial V}\right)^{\mathrm{e}}_E = \frac{P}{T} = \frac{P_0}{T_0} \tag{7.6}$$

と書ける．ただし添え字 e で指定される平衡状態においては，部分系と熱浴が平衡にあることから，相平衡の条件 (6.1) 式により部分系と熱浴で温度と圧力が等しいことを用いた．一方 $1/T$ および P/T を E, V を独立変数と見て書き表せば，

$$\begin{cases}\Delta\left(\dfrac{1}{T}\right) = \left(\dfrac{\partial (1/T)}{\partial E}\right)^{\mathrm{e}}_V \Delta E + \left(\dfrac{\partial (1/T)}{\partial V}\right)^{\mathrm{e}}_E \Delta V \\ \Delta\left(\dfrac{P}{T}\right) = \left(\dfrac{\partial (P/T)}{\partial E}\right)^{\mathrm{e}}_V \Delta E + \left(\dfrac{\partial (P/T)}{\partial V}\right)^{\mathrm{e}}_E \Delta V\end{cases} \tag{7.7}$$

となる．これらを (7.5) 式の第 2 行目に代入すると，

$$\Delta S = \frac{1}{T_0}(\Delta E + P_0 \Delta V) + \frac{1}{2}\left[\Delta\left(\frac{1}{T}\right)(\Delta E) + \Delta\left(\frac{P}{T}\right)(\Delta V)\right] \tag{7.8}$$

を得る．

同じ操作を外部の熱浴に対して行うと，

$$\Delta S_0 = \frac{1}{T_0}(\Delta E_0 + P_0 \Delta V_0) + \frac{1}{2}\left[\Delta\left(\frac{1}{T_0}\right)(\Delta E_0) + \Delta\left(\frac{P_0}{T_0}\right)(\Delta V_0)\right] \tag{7.9}$$

となるが，部分系の変化は熱浴の温度 T_0 と圧力 P_0 を変化させないので，$\Delta(1/T_0) = 0$ および $\Delta(P_0/T_0) = 0$ が成り立つ．したがって上式の右辺第 2 項は消える．

(7.8) 式および (7.9) 式から

$$\begin{aligned}\Delta(S + S_0) &= \frac{1}{T_0}\left[(\Delta E + \Delta E_0) + P_0(\Delta V + \Delta V_0)\right] \\ &\quad + \frac{1}{2}\left[\Delta\left(\frac{1}{T}\right)(\Delta E) + \Delta\left(\frac{P}{T}\right)(\Delta V)\right]\end{aligned} \tag{7.10}$$

となる．ここで系全体の内部エネルギーと体積の保存則により，$\Delta E + \Delta E_0 = 0$ および $\Delta V + \Delta V_0 = 0$ が成り立つので，

$$\Delta(S + S_0) = \frac{1}{2}\left[\Delta\left(\frac{1}{T}\right)(\Delta E) + \Delta\left(\frac{P}{T}\right)(\Delta V)\right] \tag{7.11}$$

を得る．

$\Delta(1/T)$ および $\Delta(P/T)$ を具体的に書けば

$$\Delta\left(\frac{1}{T}\right) = \frac{1}{T} - \frac{1}{T_0}, \quad \Delta\left(\frac{P}{T}\right) = \frac{P}{T} - \frac{P_0}{T_0} \tag{7.12}$$

となるので，この式を用いて (7.11) 式を ΔT と ΔV で表現してみよう．エネルギー保存則（熱力学第 1 法則）から微少量の 1 次までの近似で

$$\Delta E = T_0 \Delta S - P_0 \Delta V \tag{7.13}$$

となるので，

$$\begin{aligned}\Delta(S + S_0) &= \frac{1}{2}\left[\left(\frac{1}{T} - \frac{1}{T_0}\right)(T_0 \Delta S - P_0 \Delta V) + \left(\frac{P}{T} - \frac{P_0}{T_0}\right)(\Delta V)\right] \\ &= -\frac{1}{2T}\left[(T - T_0)\Delta S - (P - P_0)\Delta V\right]\end{aligned} \tag{7.14}$$

と変形することができる．ここで $S = S(T,V)$ かつ $P = P(T,V)$ とみなすと，

$$\begin{aligned}\Delta S &= \left(\frac{\partial S}{\partial T}\right)_V^{\mathrm{e}} \Delta T + \left(\frac{\partial S}{\partial V}\right)_T^{\mathrm{e}} \Delta V \\ &= \frac{C_V}{T}\Delta T + \left(\frac{\partial P}{\partial T}\right)_V^{\mathrm{e}} \Delta V\end{aligned}$$

$$\Delta P = \left(\frac{\partial P}{\partial T}\right)_V^{\mathrm{e}} \Delta T + \left(\frac{\partial P}{\partial V}\right)_T^{\mathrm{e}} \Delta V \tag{7.15}$$

と変形できる．1 行目から 2 行目に移行するときに，マクスウェルの関係式を用いた．これらの関係式を (7.14) 式に代入すると，

$$\Delta(S+S_0) = -\frac{1}{2T}\left[\frac{C_V}{T}(\Delta T)^2 - \left(\frac{\partial P}{\partial V}\right)_T^{\mathrm{e}}(\Delta V)^2\right] \tag{7.16}$$

という関係式が得られる．

7.3 ゆらぎの正規分布と感受率

(7.2) 式のゆらぎの確率分布を用いると，$(\Delta T, \Delta V)$ というゆらぎの実現確率は

$$\mathrm{Prob}(\Delta T, \Delta V) \propto \frac{e^{\frac{1}{k_{\mathrm{B}}}(S+S_0)}\big|_{\Delta T, \Delta V}}{e^{\frac{1}{k_{\mathrm{B}}}(S+S_0)}\big|_{\mathrm{e}}} = e^{\frac{1}{k_{\mathrm{B}}}\Delta(S+S_0)} \tag{7.17}$$

となるので，

$$\mathrm{Prob}(\Delta T, \Delta V) \propto \exp\left[-\frac{1}{2k_{\mathrm{B}}T}\left\{\frac{C_V}{T}(\Delta T)^2 - \left(\frac{\partial P}{\partial V}\right)_T^{\mathrm{e}}(\Delta V)^2\right\}\right] \tag{7.18}$$

というゆらぎの正規分布が得られる．

正規分布

$$\mathrm{Prob}(x) = A e^{-ax^2} \tag{7.19}$$

の分散は

$$\langle x^2 \rangle = \frac{\int_{-\infty}^{\infty} x^2 \mathrm{Prob}(x) dx}{\int_{-\infty}^{\infty} \mathrm{Prob}(x) dx} = \frac{1}{2a} \tag{7.20}$$

であるという性質を使えば，(7.18) 式で表されるゆらぎの正規分布から以下の関係が得られる．

$$\begin{aligned}\langle(\Delta T)^2\rangle &= \frac{k_{\mathrm{B}}T^2}{C_V} \\ \langle(\Delta V)^2\rangle &= -k_{\mathrm{B}}T\left(\frac{\partial V}{\partial P}\right)_T^{\mathrm{e}}\end{aligned} \tag{7.21}$$

これらの式の右辺に現れた比熱 C_V および等温圧縮率 $\kappa_T \equiv -(1/V)(\partial V/\partial P)_T$ は，系に温度変化や圧力変化を加えたときに，系の内部エネルギーや体積がどのように変化するかを示す量で，一般に感受率と呼ばれる量である．(7.21) 式はこれらの感受率が，平衡状態でのゆらぎに関係づけられていることを示している．

(7.3) 式で表される安定性条件と (7.21) 式とを組み合わせれば，平衡状態の安定性の条件として

$$C_V > 0 \quad \text{かつ} \quad \kappa_T > 0 \tag{7.22}$$

という条件が得られる．

7.4 臨界現象と感受率

図 7.1 に，6.3 節で議論した非理想気体の相図を示す．等温圧縮率の定義により，図中に示されたファン・デル・ワールス等温線の傾きが等温圧縮率の符号と逆符号になっていることがわかる．したがって (7.22) 式の安定性条件により，一様な相が安定なのは図中で等温線が負の傾きを持つ領域に限られることがわかる．等温線が正の傾きを持つ領域では均一な状態は安定ではなく，2 相の共存領域へと自発的に変化してしまう．

均一な状態が安定な領域と不安定な領域の境界は，いろいろな温度でのファン・デル・ワールス等温線の極値を結んだ線になっており，スピノダル線と呼ばれる（図 7.1 の内側の破線）．相共存線とスピノダル線は臨界点と呼ばれる点

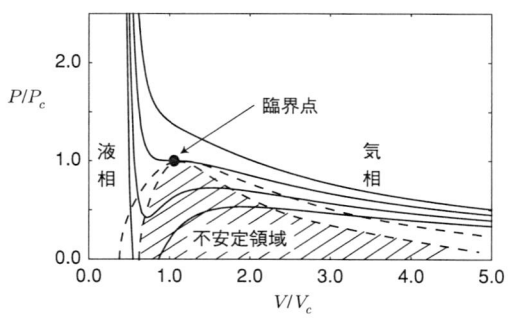

図 7.1 気相–液相転移の臨界点と安定性

で出合う．この臨界点においては，$(\partial P/\partial V)_T = 0$ となるので，その逆数である等温圧縮率は発散する．したがって，(7.21) 式の第2式より体積のゆらぎの分散 $\langle (\Delta V)^2 \rangle$ が発散することになる．実際臨界点の近傍では濃度ゆらぎの特徴サイズが光の波長程度まで増大し，気体が白濁する臨界白濁の現象が見られる．このような臨界点近傍で見られる大規模なスケールの現象は臨界現象と呼ばれる．臨界現象においては，現象の特徴スケールが原子サイズに比べてはるかに大きくなるので，個々の系の個性は消えてしまい，普遍的な性質が現れることが知られている．

参 考 文 献

1) W. グライナー： 熱力学・統計力学, シュプリンガー東京 (1999)
2) 長岡洋介： 統計力学, 岩波書店 (1994)
3) 中村　伝： 統計力学, 岩波書店 (1967)
4) 久保亮五： 統計力学, 共立出版 (1952)
5) 久保亮五編： 大学演習　熱学・統計力学, 裳華房 (1961)
6) 阿部龍蔵： 基礎演習シリーズ　熱統計力学, 裳華房 (1995)
7) 非平衡統計力学に関する教科書としては,
   藤坂博一：非平衡系の統計力学, 産業図書 (1998)
   がある.

索　引

ア　行

アインシュタイン・モデル　85, 89, 90, 108
アボガドロ数　48
鞍点近似　56

異種気体の混合　70
イジング・モデル　141, 143
　——の転移の次数　148
　——の熱的性質　144
位相軌道　19
位相空間　18, 19, 44
1次元調和振動子　27
1次従属　92
1次相転移　140
1次独立　92
1粒子状態和　62, 63, 64
1粒子微視状態　92, 103
1粒子量子状態　30
一般化運動量　18
一般化座標　18

n次元球の体積の公式　46
n次の相転移　140
エネルギー準位　31, 86
エネルギー等分配則　83, 85
エネルギーの分布　107
FD統計　30, 92, 97
FD分布関数　100

FD粒子　93
エーレンフェストの定義　140
エンタルピー　11
エントロピー　5, 9, 32
　——の増大則　32
　——の表式　60

オイラーの方程式　14
大きな状態和　72, 73, 74, 95
温度　8

カ　行

界面　135
ガウス積分の公式　63
拡散現象　68
角振動数　103
確率分布　3
各粒子ごとの状態和　61
各粒子の微視的状態　61
カノニカル集団（正準集団）　38, 52, 54
　——の状態和　55
カノニカル分布　54, 59
感受率　164

規格化　3
気相–液相転移　150
気体定数　82
基底状態のエネルギー　94
基底状態の平均占有数　126

希薄気体の気相と液相の間の相転移　140
ギブス自由エネルギー　11
ギブス–デュエムの関係式　14, 17, 48
ギブスのパラドックス　67
強磁性　142
凝縮相　127
共存　136
共役な変数　12
巨視的な拘束条件　35
巨視的状態　1
巨視的（マクロ）スケール　1

クラスタ展開（法）　141, 153
グランドカノニカル集団　（大正準集団）　38, 70, 73, 95
グランドカノニカル分布　73, 76, 95
グランドポテンシャル　11, 72, 73, 95, 98, 100, 129
クーロン力　151

結晶の格子振動　102
結晶の格子比熱　79, 85

光子（フォトン）　103
光子気体の化学ポテンシャル　106
格子振動　79
剛体球ポテンシャル　156
黒体輻射　102, 103
古典カノニカル統計における状態和　63
古典極限　125
古典グランドカノニカル分布　123
古典単原子理想気体　63
古典統計　61, 123
古典理想気体　44, 65, 77
古典理想系　77
　　──のグランドカノニカル集団　77
固有状態　115
固有モード　103, 108

サ　行

示強性変数　14

磁性体のキュリー温度　148
磁性体の強磁性・常磁性相転移　140
自然な変数　12
シャノンの情報エントロピー　37
周期境界条件　115
修正しないマクスウェル–ボルツマン統計　69
修正マクスウェル–ボルツマン統計　31, 61, 67, 69
　　──の補正　45
縮退　111
縮退度　111, 124
準安定状態　136
常磁性　142
状態方程式　16, 131, 155
状態密度　45, 104, 113, 124, 134
状態量　9
状態和　43, 53, 54, 74
ショットキー比熱　52
示量性変数　14

スターリングの公式　25
ステファン–ボルツマンの法則　108
スピノダル線　164

正規分布　4
ゼーマン効果　49, 144
全系の状態和　61, 144, 151
全系の微視的状態　35, 61, 92
潜熱　140

相　135
相加性　33
相関　135
相共存　135
相共存線　164
相互作用　135
相互作用ポテンシャル　150
相転移　121, 135, 136
　　──の分類　138, 140
相平衡　136
外場の中に置かれた理想気体　65

索　引

タ　行

第 2 ビリアル係数　155, 156
　　——の物理的な意味　155
対角化　84
体積変化　140
大分配関数　72, 73
短距離相互作用　151
単原子理想気体の状態方程式　49

秩序・無秩序転移　141, 143, 148
秩序状態　141
秩序パラメタ　146
中心極限定理　4, 55
長距離相互作用　151
超伝導　121, 127
超流動　121, 127

定在波　104
デバイ・モデル　89, 111
デバイ温度　110
デバイ振動数　110
デバイの T^3 法則　111
デュロン–プティの法則　82, 87, 88, 111
電子気体の化学ポテンシャル　116, 120
電子気体の状態密度　116
電子気体の内部エネルギー　121
電磁波　103
電子比熱　121
伝導電子　114

等エネルギー面　19, 43, 44
統計集団　2, 5, 35
統計力学　2, 18
統計力学エントロピー　33, 35, 37
　　——の最大化　42
等重率の原理　44, 57
同種の気体の混合　70
同種粒子の不可弁別性　91

ナ　行

内部エネルギー　11

2 準位系　49
　　——の比熱　51
2 相共存　138

熱力学的に共役な変数　137
熱的ド・ブロイ波長　122
熱力学　1
熱力学第 2 法則　10
熱力学第 3 法則　16, 102
熱力学（的）極限　5, 55, 56, 159
熱力学的な力　106
熱力学の 3 法則　2
熱力学の第 0 法則　8
熱力学の第 1 法則　9
熱力学変数　5
熱力学ポテンシャル　6, 11

ハ　行

配位空間　19
ハイゼンベルクの不確定性　26
配置状態和　151
パウリの排他原理　93, 101
波数空間　115
波数ベクトル　103
波動関数　29, 122
ハミルトニアン　19
ハミルトンの正準方程式　19
ハミルトン力学　18
反強磁性　142

BE 凝縮　100, 102, 121, 127
BE 統計　30, 92, 97
BE 分布関数　98
BE 粒子　93
非可逆過程　10, 22, 68
微視的状態　1

——の確率分布　35
——の数　33, 35
——の総数　44
微視的（ミクロ）スケール　1
非平衡状態　7
標準偏差　3
ビリアル展開　155, 157
非理想気体　150
　　——の状態方程式　155
　　——の相図　164

ファン・デル・ワールスの状態方程式　157
ファン・デル・ワールス分子間力　151
フェルミ球　117
フェルミ準位　101, 102, 117
フェルミ–ディラック統計　30, 92, 97
フェルミ–ディラック分布関数　100
フェルミ–ディラック粒子　93
フェルミ面　117
フォトン（光子）　103
フォノン　79, 108
フォノン気体の状態密度　109
不可逆性の確率解釈　26
不確定性原理　91
フガシティ　74, 123
普遍的な性質　165
ブラッグ–ウィリアムズ近似　144
プランク定数　27
プランクの輻射公式　107
ブロッホの定理　114
分散　3
分配関数　53, 54

平均　3
平均占有数　107
平均場近似　56, 76, 141, 144
平均場理論　144
平衡状態　7, 161
　　——の安定性　160, 164
平衡統計集団　37
ヘルムホルツ自由エネルギー　11, 54, 60, 142

ポアソン括弧　22
ボイル–シャルルの法則　16
ボーズ–アインシュタイン凝縮　99, 102, 121, 127
ボーズ–アインシュタイン統計　30, 92, 97
ボーズ–アインシュタイン分布関数　98
ボーズ–アインシュタイン粒子　93
保存量　137
ボルツマン因子　53, 54
ボルツマン定数　35, 49
ボルツマンの原理　44, 58, 102

マ　行

マクスウェルの関係式　13

ミクロカノニカル集団（小正準集団）　37, 42
　　——の状態和　55

無秩序状態　141

メイヤーの f 関数　152

ヤ　行

ゆらぎ　159, 161

横波のモード　105

ラ　行

ラグランジュの未定定数法　39
λ-転移　127, 131

リウビルの定理　20
リウビルの方程式　22
理想 FD 気体　114
理想気体の状態方程式　48, 64
理想光子気体　102
理想 BE 気体　103
理想量子系の大分配関数　97
リーマンのゼータ関数　126

粒子の統計性　30
量子系の大きな状態和　96
量子系の全系の微視的状態　94
量子状態　27
量子統計　62, 91, 95, 123
量子補正　67
両端固定の条件　104
臨界温度　126

臨界現象　165
臨界点　164
臨界濃度　126
臨界白濁　165

ルジャンドル変換　5, 11, 137

連続相転移　140

著者略歴

川勝　年洋（かわかつ としひろ）

1960 年　京都府に生まれる
1989 年　京都大学大学院工学研究科
　　　　博士後期課程修了
現　在　東北大学大学院理学研究科教授
　　　　工学博士

現代物理学［基礎シリーズ］4
統 計 物 理 学
　　　　　　　　　　　　　　　　　定価はカバーに表示

2008 年 4 月 20 日　初版第 1 刷
2022 年 1 月 5 日　　　第10刷

　　　　　　　　　　著　者　川　勝　年　洋
　　　　　　　　　　発行者　朝　倉　誠　造
　　　　　　　　　　発行所　株式会社　朝　倉　書　店

　　　　　　　　　　東京都新宿区新小川町6-29
　　　　　　　　　　郵便番号　162-8707
　　　　　　　　　　電　話　03(3260)0141
　　　　　　　　　　Ｆ Ａ Ｘ　03(3260)0180
〈検印省略〉　　　　　https://www.asakura.co.jp

ⓒ 2008〈無断複写・転載を禁ず〉　　　　　Printed in Korea

ISBN 978-4-254-13774-3　C 3342

JCOPY　〈出版者著作権管理機構　委託出版物〉
本書の無断複写は著作権法上での例外を除き禁じられています．複写される場合は，
そのつど事前に，出版者著作権管理機構（電話 03-5244-5088, FAX 03-5244-5089,
e-mail: info@jcopy.or.jp）の許諾を得てください．

前広島大 西川恭治・首都大 森 弘之著
朝倉物理学大系10
統 計 物 理 学
13680-7 C3342　　　　　Ａ５判 376頁 本体6800円

量子力学と統計力学の基礎を学んで，よりグレードアップした世界をめざす人がチャレンジするに好個な教科書・解説書。〔内容〕熱平衡の統計力学：準備編／熱平衡の統計力学：応用編／非平衡の統計力学／相転移の統計力学／乱れの統計力学

東大 土井正男著
物理の考え方2
統　　計　　力　　学
13742-2 C3342　　　　　Ａ５判 240頁 本体3000円

古典統計に力点。〔内容〕確率の統計の考え方／孤立系における力学状態の分布／温度とエントロピー／（グランド）カノニカル分布とその応用／量子統計／フェルミ分布とボーズ-アインシュタイン分布／相互作用のある系／相転移／ゆらぎと応答

前九大 川崎恭治著
非 平 衡 と 相 転 移
―メソスケールの統計物理学―
13079-9 C3042　　　　　Ａ５判 272頁 本体5500円

ミクロとマクロの中間に位置する物理を連続体的観点を軸に記述した待望の書。〔内容〕非平衡とは／平衡相転移／気体の動力学／線形応答理論の概要／動的臨界現象／秩序化過程の動力学／運動方程式の縮約／微視的スケールのダイナミクス

前神奈川大 桜井邦朋著
物 理 学 の 統 計 的 み か た
―物理学現象の中に"ゆらぎ"をみる―
13078-2 C3042　　　　　Ａ５判 200頁 本体4500円

ミクロの世界から宇宙まで様々な自然現象をとりあげ，それらの本質を探り，明らかにしていくための統計的な方法を解説。〔内容〕物理学における統計現象／ランダムな物理過程／物理法則の成立とその根拠／物理学における時間の問題／他

D.シュタウファー・H.E.スタンリー著
前東大 西原 宏・中部大 宮島佐介訳
ニュートンからマンデルブロまで
―理論物理学入門―
13062-1 C3042　　　　　Ａ５判 244頁 本体4800円

ニュートンから始まるともいわれる物理学は20世紀を迎えて大きな発展をみせたが，マンデルブロの提唱したフラクタルという概念により更なる飛躍の可能性が本書で示される。〔内容〕力学／電気と磁気／量子力学／統計物理学／フラクタル

前東工大 市村 浩著
基礎の物理 8
熱　　　　　　　学
13588-6 C3342　　　　　Ａ５判 232頁 本体3700円

熱力学と統計力学の初歩を平易明快に解説する。〔内容〕温度と状態方程式／熱力学第一法則／簡単な応用／第二法則／熱力学的関係式／熱平衡の条件／第三法則／種々の系／平衡状態の統計力学／理想系／強い相互作用のある系／非平衡状態

I.プリゴジン・D.コンデプディ著
前東大 妹尾 学・東海大 岩元和敏訳
現　代　熱　力　学
―熱機関から散逸構造へ―
13085-0 C3042　　　　　Ａ５判 388頁 本体6400円

ノーベル賞学者I.プリゴジンとその仲間により1999年に刊行された本格的教科書の全訳。5部構成20章で"散逸構造"に辿り着く。〔内容〕熱機関からコスモロジーへ／平衡系熱力学／ゆらぎと安定性／線形非平衡熱力学／ゆらぎによる秩序形成

前上智大 笠 耐・香川大 笠 潤平訳
物 理 ポ ケ ッ ト ブ ッ ク
13095-9 C3042　　　　　Ａ５判 388頁 本体5800円

物理の基本概念―力学，熱力学，電磁気学，波と光，物性，宇宙―を1項目1頁で解説。法則や公式が簡潔にまとめられ，図面も豊富な板書スタイル。備忘録や再入門書としても重宝する，物理系・工学系の学生・教師必携のハンドブック

前東大 福山秀敏・東大 小形正男著
基礎物理学シリーズ3
物　理　数　学　Ⅰ
13703-3 C3342　　　　　Ａ５判 192頁 本体3500円

物理学者による物理現象に則った実践的数学の解説書〔内容〕複素関数の性質／複素関数の微分と正則性／複素積分／コーシーの積分定理の応用／等角写像とその応用／ガンマ関数とベータ関数／量子力学と微分方程式／ベッセルの微分方程式／他

前東大 塚田 捷著
基礎物理学シリーズ4
物　理　数　学　Ⅱ
―対称性と振動・波動・場の記述―
13704-0 C3342　　　　　Ａ５判 260頁 本体4300円

様々な物理数学の基本的コンセプトを，総体として相互の深い連環を重視しつつ述べることを目的〔内容〕線形写像と2次形式／群と対称操作／群の表現／回転群と角運動量／ベクトル解析／変分法／偏微分方程式／フーリエ変換／グリーン関数他

M.ル・ベラ他著
理科大 鈴木増雄・東海大 豊田 正・中央大 香取眞理・
理化研 飯高敏晃・東大 羽田野直道訳

統計物理学ハンドブック
—熱平衡から非平衡まで—

13098-0 C3042　　A5判 608頁 本体18000円

定評のCambridge Univ. Pressの"Equilibrium and Non-equilibrium Statistical Thermodynamics"の邦訳。統計物理学の全分野(カオス,複雑系を除く)をカバーし,数理的にわかりやすく論理的に解説。〔内容〕熱統計／統計的エントロピーとボルツマン分布／カノニカル集団とグランドカノニカル集団:応用例／臨界現象／量子統計／不可逆過程:巨視的理論／数値シミュレーション／不可逆過程:運動論／非平衡統計力学のトピックス／付録／訳者補章(相転移の統計力学と数理)

C.P.プール著
理科大 鈴木増雄・理科大 鈴木 公・理科大 鈴木 彰訳

現代物理学ハンドブック

13092-8 C3042　　A5判 448頁 本体14000円

必要な基本公式を簡潔に解説したJohn Wiley社の"The Physics Handbook"の邦訳。〔内容〕ラグランジアン形式およびハミルトニアン形式／中心力／剛体／振動／正準変換／非線型力学とカオス／相対性理論／熱力学／統計力学と分布関数／静電場と静磁場／多重極子／相対論的電気力学／波の伝播／光学／放射／衝突／角運動量／量子力学／シュレディンガー方程式／1次元量子系／原子／摂動論／流体と固体／固体の電気伝導／原子核／素粒子／物理数学／訳者補章:計算物理の基礎

北大 新井朝雄著

現代物理数学ハンドブック

13093-5 C3042　　A5判 736頁 本体18000円

辞書的に引いて役立つだけでなく,読み通しても面白いハンドブック。全21章が有機的連関を保ち,数理物理学の具体例を豊富に取り上げたモダンな書物。〔内容〕集合と代数的構造／行列論／複素解析／ベクトル空間／テンソル代数／計量ベクトル空間／ベクトル解析／距離空間／測度と積分／群と環／ヒルベルト空間／バナッハ空間／線形作用素の理論／位相空間／多様体／群の表現／リー群とリー代数／ファイバー束／超関数／確率論と汎関数積分／物理理論の数学的枠組みと基礎原理

理科大 鈴木増雄・大学評価・学位授与機構 荒船次郎・
理科大 和達三樹編

物 理 学 大 事 典

13094-2 C3542　　B5判 896頁 本体36000円

物理学の基礎から最先端までを視野に,日本の関連研究者の総力をあげて1冊の本として体系的解説をなした金字塔。21世紀における現代物理学の課題と情報・エネルギーなど他領域への関連も含めて歴史的展開を追いながら明快に提起。〔内容〕力学／電磁気学／量子力学／熱・統計力学／連続体力学／相対性理論／場の理論／素粒子／原子核／原子・分子／固体／凝縮系／相転移／量子光学／高分子／流体・プラズマ／宇宙／非線形／情報と計算物理／生命／物質／エネルギーと環境

日本物理学会編

物 理 デ ー タ 事 典

13088-1 C3542　　B5判 600頁 本体25000円

物理の全領域を網羅したコンパクトで使いやすいデータ集。応用も重視し実験・測定には必携の書。〔内容〕単位・定数・標準／素粒子・宇宙線・宇宙論／原子核・原子・放射線／分子／古典物性(力学量,熱物性量,電磁気,光,燃焼,水,低温の窒素・酸素,高分子,液晶)／量子物性(結晶・格子,電荷と電子,超伝導,磁性,光,ヘリウム)／生物物理／地球物理・天文・プラズマ(地球と太陽系,元素組成,恒星,銀河と銀河団,プラズマ)／デバイス・機器(加速器,測定器,実験技術,光源)他

倉本義夫・江澤潤一　［編集］

現代物理学［基礎シリーズ］

1	**量子力学**	倉本義夫・江澤潤一	本体 3400 円
2	**解析力学と相対論**	二間瀬敏史・綿村　哲	本体 2900 円
3	**電磁気学**	須藤彰三・中村　哲	本体 3400 円
4	**統計物理学**	川勝年洋	
5	**量子場の理論** 素粒子物理から凝縮系物理まで	江澤潤一	本体 3300 円
6	**基礎固体物性**	齋藤理一郎	本体 3000 円
7	**量子多体物理学**	倉本義夫	本体 3200 円
8	**原子核物理学**	滝川　昇	本体 3800 円
9	**宇宙物理学**	二間瀬敏史	本体 3000 円
10	**素粒子物理学**	日笠健一	

現代物理学［展開シリーズ］

1	**ニュートリノ物理学**	井上邦雄	
2	**ハイパー核と中性子過剰核**	小林俊雄・田村裕和	
3	**光電子固体物性**	髙橋　隆	本体 2800 円
4	**強相関電子物理学**	青木晴善・小野寺秀也	本体 3900 円
5	**半導体量子構造の物理**	平山祥郎・山口浩司　佐々木　智	
6	**分子性ナノ構造物理学**	豊田直樹・谷垣勝己	本体 3400 円
7	**超高速分光と光誘起相転移**	岩井伸一郎	本体 3600 円
8	**生物物理学**	大木和夫・宮田英威	本体 3900 円

上記価格（税別）は 2014 年 5 月現在